U0183036

 集人文社科之思 刊专业学术之声

集 刊 名：中国海洋社会学研究
主办单位：中国社会学会海洋社会学专业委员会
承办单位：上海海洋大学
主 编：崔 凤

Vol.8 Chinese Ocean Sociology Studies

第8期

集刊序列号：PIJ-2013-070

中国集刊网：www.jikan.com.cn

集刊投约稿平台：www.iedol.cn

高水平地方高校试点建设项目——上海海洋大学资助

崔凤 主编

Chinese Ocean Sociology Studies Vol.8

中国海洋社会学研究

2020年卷 总第8期

社会科学文献出版社
SOCIAL SCIENCES ACADEMIC PRESS (CHINA)

卷首语

《中国海洋社会学研究》一直鼓励理论研究，基本上每期都会设立"海洋社会学基础理论"这个单元，力图展示中国学者对海洋社会学基础理论的研究成果。可以说，经过多年的积累，国内学者关于海洋社会学基础理论的研究已经取得了较为明显的进步，关于海洋社会学的一些基础理论、基本概念等已经大致厘清，不仅为海洋社会学的经验研究提供了理论依据和基本概念，而且引起了国外学者的关注。在重视基础理论研究的同时，我们还鼓励学者多做经验研究，开展大量的田野调查，在这方面，近些年也出现了一些质量不错的研究成果。本卷依然坚持理论研究与经验研究并重的原则来收录论文。

在"海洋社会学基础理论"单元，三位学者针对时下受到热议的"海洋命运共同体"与"海洋社会"以及国家海洋督察等相关内容，从社会学的角度进行概念阐释及功能分析。宋宁而、张聪认为，要理解"海洋命运共同体"与"海洋社会"，理解时代变迁与特定事项变化是关键点，其中涉及社会变迁、实践能力变迁、环境变迁多个变量，因此不能简单地做横向比较，而是应从共同体与社会、人类命运共同体与人类社会、"海洋命运共同体"与"海洋社会"三组关系入手，对"海洋命运共同体"与"海洋社会"的关系进行界定。同时他们强调社会学视角的意义在于展示以海洋为中心的视野、揭示"海洋命运共同体"的主体多层化、明晰"命运"的内涵、清晰界定人类海洋实践中的共同利益。

张良深入分析了国家海洋督察的功能，认为国家海洋督察实现了科层制与督察制的有效结合，实现了中央政策统一性与地方执行灵活性的统一，同时还引入外部的社会监督机制，发动群众监督地方政府的用海管海行为，实现政府内部监督与外部社会监督的有机结合，确保了国家海洋督察的效果。张良还指出国家海洋督察有望呈现常态化趋势。

在"渔民群体的流动与发展"单元，各学者关注传统海洋渔民雇工群体、海洋捕捞渔民转产转业问题以及渔村人口流动问题。其实地调查涉及我国东南沿海及东部沿海，较为全面地反映了我国沿海地区渔民群体的发展与流动。高法成、叶锦非通过考察湛江市海洋渔区，发现传统海洋渔民雇工主要分布在雷州、遂溪、徐闻、开发区（仅指东海岛和硇洲岛）、麻章、坡头、吴川等沿海地区。尽管传统海洋渔民雇工的工作环境恶劣、收入结构单一，但为了养家糊口，他们仍不得不继续从事捕捞工作。群体职业归属感和自我认同感低、社会参与程度不足、社会支持网络不健全和渔区社会保障覆盖面不宽等使得传统海洋渔民雇工逐渐边缘化，成为渔民中的弱势群体。因此需要提供多元社会支持系统，加快传统海洋渔民雇工的转产转业。

刘勤、陈嘉棋关注海洋捕捞渔民转产转业的社会支持，以茂名博贺港地区为调查地点，从海洋捕捞渔民的社会支持入手，探讨其对海洋捕捞渔民转产转业的影响，得出正式支持、准正式支持、非正式支持对推动海洋捕捞渔民"双转"具有促进作用，而专业性社会支持的作用不显著的结论。秦杰通过对烟台市桑岛村进行实地调研和案例分析发现，"异地双房"现象是桑岛村一个极具普遍性的现象，与之对应的是桑岛村的人口流动呈现"动态稳定"的趋势。在乡村振兴战略的政策背景下，"动态性"是渔民对于特殊渔业规律的自觉调适；"稳定性"是渔民对于初具现代化特性的渔村的主动选择。

在"渔村社会与海洋生态"单元，罗余方反思"社区研究的传统范式"，历时地梳理粤西硇洲岛的疍民群体从海上漂泊到陆上定居，进而被国家力量再造为一个社区的历程，试图为社区研究提供一个异于传统乡村社区的另一种社区构造的样本。研究发现，社区之所以能够再造，是因为形成了一套嵌入于社会文化之中的社会动力机制，这套机制可以是基于地缘的社会关系网络的礼物流动机制，也可以是基于血缘的宗族礼法机制，还可以是基于信仰的供奉神灵的制度化体系。

王书明、王玥着眼于大航海时代欧洲的殖民侵略与生态扩张，通过对大航海时代欧洲在"幸运诸岛"、美洲、太平洋各地以及非洲的扩张的阐述，分析了欧洲在全球范围内扩张的影响，提出了当今时代必须秉承构建"人类命运共同体"的理念，进行和平友好地交流与互动。

王钧意在传统渔村桑岛村的调查中发现，当地家庭中出现了放弃固有信俗而转向外源宗教——基督教的现象。他认为这意味着岛内的传统生活场从信仰开始发生了脆性断裂。在此基础上，他详细地探究了渔村流变的表象和渔村传统脆断的逻辑内涵，进而为我们提供了一种渔村流变的解释框架。

在"海洋文化与产业发展"单元，专家们主要关注海洋产业与海洋文化的发展以及海洋非物质文化遗产的传承与保护两个主题。陈晔、聂权汇通过研究上海地名的变迁展现海洋产业发展对海洋文化的影响，发现随着海洋开发的深入，上海海洋文化也逐步得到发展。古代上海对海洋的开发集中在"渔盐之利"，出现诸多如沪、下沙、大团、盐仓、三灶等相关地名；近代上海海洋运输业繁荣，便遗留下很多与航运相关的包含"海"字的地名；当代上海海洋产业处于高级开发阶段，因而出现很多与海洋相关的"祈愿型"路名。

林新妃以舟山走书、渔民画为例，从文化传承的角度分析当前非遗文化保护工作存在着文化环境变迁、传承人缺失、形式单一化等问题，并从文化传播的视角探究非遗文化推陈出新的现实路径，提出文化工作者创新表现形式、政府部门加强文化扶持力度、市场开发非遗体验式服务、学校推进非遗文化进校园等建议。

在"海洋民俗与海洋民俗信仰"单元，诸位专家聚焦于海洋信仰文化，对妈祖信仰、一百零八兄弟公信仰、龙文化与龙王信仰等海神信仰进行了深入研究与分析。宋宁而、宋枫卓从海神信仰中多神共存的现象入手，在对现有理论进行梳理和分析的基础上阐释了海神信仰"叠合认同"的内涵、要素与特征，并提出了海神信仰"叠合认同"的研究框架。其中，海神信仰的内在特质是"叠合认同"的前提，外部因素是重要条件，渔村海洋实践中的适应性实践和反思性实践作为承接因素则是助推动力，三种因素共同推动了海神信仰的"叠合认同"进程。

王小蕾、王颖和郭佳美聚焦于南海渔民一百零八兄弟公信仰，从"记忆生产"的维度探讨兄弟公信仰及其文化内涵的生成轨迹，在凸显信仰者主体地位的基础上，深入分析了这一海神群体信仰的功能，即群体经验的投射、精神诉求的载体以及社会认同的纽带。

杨春强以沧州地区的妈祖信仰为研究对象，梳理其两种不同的传播路径，即一是因漕运沿南运河两侧传入，二是因参与海上运输交流在当地生根，并发现在与衍生于清朝的当地民间"师傅林"信仰的相互博弈中，妈祖尽管未能成为沧州地区的主宰神，但仍是当地民间信仰中不可或缺的存在。

钱梦琦则以民俗叙事谱系理论为研究视角，对龙与龙王形象的起源、龙王信仰的产生与发展、龙王信仰中的神话传说、龙王信仰的域外东传等范畴内的相关问题予以整体性考量和关联性解读，发掘其谱系呈现方式，从而充分认知、深入理解龙文化与龙王信仰的整体形态与总体价值。

本卷所收录的论文，主要来自第十届中国海洋社会学论坛（2019 年 7 月，昆明）和第九届海洋文化与社会发展研讨会（2019 年 11 月，上海）两个学术会议，这两个学术会议已经成为《中国海洋社会学研究》所收录论文的最主要的来源，我们坚持学术至上原则选取了这两个学术会议的部分论文，同时我们也通过征稿的方式收录了部分论文。

随着海洋强国建设的稳步推进，我国海洋实践活动将会日益活跃，关于海洋实践的人文社会科学研究也会越来越繁荣，我们期待着高质量的海洋社会学论文，希望不断提升《中国海洋社会学研究》的影响力。

崔凤

2020 年 6 月 9 日于上海

目 录 Contents

海洋社会学基础理论

"海洋命运共同体"与"海洋社会"：概念阐释及

关系界定 …………………………………… 宋宁而 张 聪 / 3

国家海洋督察的功能分析 …………………………………… 张 良 / 14

渔民群体的流动与发展

传统海洋渔民雇工群体研究

——基于广东湛江的考察 ………………… 高法成 叶锦非 / 27

海洋捕捞渔民转产转业的社会支持研究

——以茂名博贺港区域的调查为例 …………… 刘 勤 陈嘉棋 / 43

乡村振兴战略下渔村人口流动的"动态稳定"问题研究

——基于对桑岛村的案例调查 ………………………… 秦 杰 / 53

渔村社会与海洋生态

从漂泊到定居

——粤西一个海岛疍民社区的再造历程 ………………… 罗余方 / 67

殖民侵略、生态扩张与欧洲的大航海时代 …………… 王书明　王　玥 / 86
传统的脆断：一种渔村流变的解释框架
　　——基于桑岛村的实地调研 ………………………………… 王钧意 / 95

海洋文化与产业发展

海洋产业发展对海洋文化的影响
　　——以上海地名为例 ………………………… 陈　晔　聂权汇 / 111
舟山非遗文化传承与发展探析
　　——以舟山走书、渔民画为例 ………………………… 林新妃 / 125

海洋民俗与海洋民俗信仰

海神信仰的"叠合认同"：支撑理论与研究框架 …… 宋宁而　宋枫卓 / 133
南海渔民兄弟公信仰的记忆生产 ………… 王小蕾　王　颖　郭佳美 / 156
在"外来"与"正统"之间：沧州地区妈祖信仰初探 ……… 杨春强 / 177
民俗叙事谱系视域中的龙文化 ………………………… 钱梦琦 / 187

征稿启事与投稿须知 ……………………………………………… / 201

海洋社会学基础理论

中国海洋社会学研究

2020 年卷　总第 8 期

第 3～13 页

© SSAP，2020

"海洋命运共同体"与"海洋社会"：
概念阐释及关系界定

宋宁而　张　聪*

摘　要："海洋命运共同体"的理论研究需要社会学的视角。以社会学的视角关注"海洋命运共同体"，首先需要对"海洋命运共同体"和"海洋社会"的关系做出界定。"海洋社会"所使用的社会学视角，为"海洋命运共同体"的概念建构展示了以海洋为中心的视野，揭示了"海洋命运共同体"的主体多层化特征，明晰了"命运"的内涵，并清晰界定了人类海洋实践中的共同利益。

关键词："海洋命运共同体"　"人类命运共同体"　"海洋社会"

2019 年 4 月 23 日，习近平在集体会见出席中国人民解放军海军成立 70 周年多国海军活动外方代表团团长时指出，要集思广益、增进共识，努力为推动构建"海洋命运共同体"贡献智慧。[①] 这使得"海洋命运共同体"这一提法受到了国内外各界人士的高度关注，也使得构建"海洋命运共同体"受到热议。理论指导实践，实践检验理论。"海洋命运共同体"的构建，相关理论研究是当务之急，而理论研究的首要任务，是对"海洋命运共同体"的概念进行界定。

---

* 宋宁而，中国海洋大学国际事务与公共管理学院副教授，研究方向为海洋社会学；张聪，中国海洋大学国际事务与公共管理学院社会学专业 2017 级硕士研究生，研究方向为海洋社会学。

① 《习近平谈治国理政》第三卷，外文出版社，2020，第 464 页。

目前为止，学界对"海洋命运共同体"概念的阐述主要从地缘政治学、国际法学、哲学以及马克思主义理论等视角①展开，这些研究是必要的，但仍然不够充分。要解读何谓"因海洋而命运相连的共同体"，必然不能遗漏以"共同体"为主要研究对象的社会学视角。而关于社会学的视角，滕尼斯在其经典著作《共同体与社会——纯粹社会学的基本概念》中指出："关系本身即结合，或者被理解为现实的和有机的生命——这就是共同体的本质，或者被理解为思想的和机械的形态——这就是社会的概念。"② 由此，"共同体"与"社会"的概念在表述应用中是同义而又对立的，将二者进行对比研究正是社会学的意义所在。同理，以社会学的视角关注"海洋命运共同体"，首先需要对"海洋命运共同体"和"海洋社会"的关系做出界定。

一 概念阐释

海洋人文社会科学的研究，以杨国桢提出的"海洋社会"等海洋人文社会科学的概念③为标志，呈现社会各领域涉海主题的研究之热。"海洋文化""海洋社会""海洋经济"等各类学术词语的高频度使用，呈现了一个值得注意的现象——相关概念的界定容易变成"海洋"与既有学术名词的简单叠加。按此思路，则"海洋命运共同体"的概念会变成"海洋""命运""共同体"三个概念的叠加，这在学术上是不严谨的。概念的阐释与界定首先应该回到词源，结合术语被提出的语境进行理解。

（一）"海洋命运共同体"

对"海洋命运共同体"的概念界定不可将"海洋"与既有概念简单叠加，但这并不意味着无需对各词组分别做出阐释。相反，这一步不仅需要，

---

① 参见高兰《海洋命运共同体与中日海洋合作——基于海洋地缘政治学视角的观察与思考》，《人民论坛·学术前沿》2019 年第 20 期；王书明、董兆鑫：《"海缘世界观"的理解与阐释——从西方利己主义到人类命运共同体的演化》，《山东社会科学》2020 年第 2 期；陈娜、陈明富：《习近平关于海洋命运共同体重要论述的科学内涵与时代意义》，《邓小平研究》2019 年第 5 期。

② 斐迪南·滕尼斯：《共同体与社会——纯粹社会学的基本概念》，林荣远译，商务印书馆，1999，第 52 页。

③ 杨国桢：《论海洋人文社会科学的概念磨合》，《厦门大学学报》（哲学社会科学版）2000 年第 1 期。

而且是概念界定必不可少的前提。

"共同体"在《现代汉语词典》（第7版）中的解释是"人们在共同条件下结成的集体"①，指因共同外部环境而相聚的社会群体。其对应的英语词"community"在《牛津现代英汉双解大词典》中的解释是"生活在同一地区或具有特定共同特性，尤其指行使共同所有权的社会群体"。② 显然，"共同体"在中英文语境中都是从共同的外部生存环境这一角度加以把握的。

"命运"则被用以比喻"事物发展变化的趋向及结局"③ 及"特定人员在未来必然会发生的事项"④，强调的是事物发展的必然性和不可逆转性。

因而，"因海而结成彼此命运相连的共同体"表达的意思至少包括以下几点：第一，特定事项的发生是不可避免的；第二，事项与海相关；第三，事项将特定社会人群置于共同的生存环境与空间中。这一结论足以引发我们的思考：变化为何不可避免？变化何以赋予我们以生存空间之共通性？一系列问题都指向两方，一方是海洋，这意味着海洋的自然特性所具有的特定属性与这一变化有关；另一方是各国人民，因为特定的变化，人类的利益趋向整体化，彼此主张权利的界限淡化，取而代之的是人类共同的使命。

结合提出的语境与上述思考，"海洋命运共同体"应做此理解：因时代的变迁与特定事项的变化，海洋不再是隔离世界各国人民的障碍，反而成为连接我们的通道、空间与生存环境，各国人民因此不可避免地成为整体，一荣俱荣、一损俱损。其中，时代变迁与特定事项变化是这一概念中的关键点。

（二）"海洋社会"

在国内，"海洋社会"一词最早是由杨国桢提出并使用的："'海洋社会'是指在直接或间接的各种海洋活动中，人与海洋之间、人与人之间形成的各种关系的组合，包括海洋社会群体、海洋区域社会、海洋国家等不

---

① 中国社会科学院语言研究所词典编辑室编《现代汉语词典》（第7版），商务印书馆，2016，第458页。
② 《牛津现代英汉双解大词典》，外语教学与研究出版社，2013，第514页。
③ 中国社会科学院语言研究所词典编辑室编《现代汉语词典》（第7版），商务印书馆，2016，第917页。
④ 《牛津现代英汉双解大词典》，外语教学与研究出版社，2013，第693页。

同层次的社会组织及其结构系统。"① 在此基础上，庞玉珍②、张开城③、闫臻④分别从不同角度阐释了"海洋社会"的定义。其中，崔凤从马克思主义关于生产实践活动的视角，将"海洋社会"定义为"人类基于开发、利用和保护海洋的实践活动所形成的人与人关系的总和"。对这一概念的由来，作者阐述如下："这样定义的'海洋社会'概念，既体现了社会的一般性，如'社会是人类生产实践活动的产物''人与人关系的总和'；也体现了'海洋社会'的特殊性，即海洋特色，也就是'海洋社会是人类海洋开发实践活动的产物'"。⑤ 学界对"海洋社会"概念的界定，尽管各有侧重点，但都源于对两种变化——人类开发利用海洋行为的变化与社会发展的变化及其相关性的思考，而这正揭示了人类与海洋关系的本质——海洋是通过人类改造开发海洋的行为，对人类社会施加影响的。这意味着，只有当人类社会和人类开发海洋的能力都发展到特定程度时，人类社会才会因海洋而结成命运相关、休戚与共的整体。

显然，"海洋命运共同体"与"海洋社会"两个概念的提出，都是人们关注人类海洋实践之变与人类社会本身之变"碰撞"所产生的结果。对"海洋社会"概念缘起的解析，恰好对上了在"海洋命运共同体"解读中产生的疑问，这意味着有必要对两者的关系做进一步的深入剖析。

二 关系界定

对两个既有事物做比较研究，一般都会采取列举异同点的方法，这是研究两个相对恒定事物的结构、关系、性质和规律的有效方法。但"海洋命运共同体"与"海洋社会"都涉及社会变迁、实践能力变迁、环境变迁等多个变量，不能简单地做横向比较，而需从两者的基础概念比较入手。

---

① 杨国桢：《论海洋人文社会科学的概念磨合》，《厦门大学学报》（哲学社会科学版）2000年第 1 期。
② 庞玉珍：《海洋社会学：海洋问题的社会学阐释》，《中国海洋大学学报》（社会科学版）2004 年第 6 期。
③ 张开城：《应重视海洋社会学学科体系的建构》，《探索与争鸣》2007 年第 1 期。
④ 闫臻：《海洋社会如何可能——一种社会学的思考》，《文史博览》2006 年第 24 期。
⑤ 崔凤等：《海洋社会学的建构——基本概念与体系框架》，社会科学文献出版社，2014，第30 页。

（一）共同体与社会

共同体与社会的区别是比较明显的。斐迪南·滕尼斯指出：共同体与社会虽然是同义词，但前者是活生生的，后者则是纯粹的人工制品。[①] "社会"是作为一个思想的、机械的概念被建构的。正如布迪厄的实践理论指出的：认识的对象是主动构成的，而不是被动记录的，这一构成的原则既是结构性也是建构性的行为倾向系统。[②] 社会的概念被提出时便被置于"国家－社会""城市－社会""乡村－社会"等结构性框架中，因此，社会的概念虽无限制，亦有限制。

而共同体的理论出发点却是"人的意志完善的统一体，并将它作为一种原始的或天然的状态"[③]。因此，共同体并没有一个刻意设置的前提，只需特定人类群体的外部条件具有共通性，各国、全人类都可成为共同体。

共同体与社会之间的联系是可以从社会群体中解读到的。滕尼斯认为，共同体与社会都是通过统一地对内和对外发挥作用的积极关系而形成的族群，两者都是人的关系及其结合。[④] 换言之，共同体与社会都指向人与人形成的社会群体。而米尔斯也在阐释社会群体特别是小群体的研究价值时指出：因为小群体是更一般的社会系统，是大社会的缩影，[⑤] 因此，无论何种层面的共同体和社会，最终都可以从社会群体中找到影子。

以群体指涉社会，中国古文献中亦有迹可循。"社会"一词在汉语里最早出现在《旧唐书·玄宗上》："礼部奏请千秋节休假三日，及村闾社会。"其中，"社会"二字，"社"原指祭神；"会"指聚会，意指因特定事宜而相聚的人群。[⑥] 荀子在《富国》一文中也表达了以群体论社会的观点："人之生不能无群，群而无分则争，争则乱，乱则穷矣。"[⑦] 可知荀子对人与群体

---

① 斐迪南·滕尼斯：《共同体与社会——纯粹社会学的基本概念》，林荣远译，商务印书馆，1999，第57页。

② 刘少杰：《当代国外社会学理论》，中国人民大学出版社，2009，第70页。

③ 斐迪南·滕尼斯：《共同体与社会——纯粹社会学的基本概念》，林荣远译，商务印书馆，1999，第58页。

④ 斐迪南·滕尼斯：《共同体与社会——纯粹社会学的基本概念》，林荣远译，商务印书馆，1999，第52、57页。

⑤ 西奥多·米尔斯：《小群体社会学》，温凤龙译，云南人民出版社，1988，第3页。

⑥ 郑杭生：《社会学概论新修》（精编版），中国人民大学出版社，2009，第69页。

⑦ 《荀子·富国》。

的关注点在于治乱之道。严复将"社会学"译作"群学"，他在《群学肄言》①的序言中指出：社会学是研究社会治与乱、兴与衰的原因，揭示社会所以达到治的方法和规律的学问。②

由此可知，共同体与社会的概念有对立的一面，但内涵又是相通的，而相通之处正在于社会群体的相聚之道。无论古今中外，学者们对人群相聚而结成社会关系的规律，多从社会秩序的维持、运行和共进的角度把握。这意味着，当共同体面临不可避免的变化，在变化涉及共同利益时，就要整合内部，维持良性运行秩序，淡化彼此分歧与利益诉求，强调义务、责任与使命。一国之内，通常会因外部环境变化而实现社会的整合。对此，汤因比曾指出：外来的打击和压力的一般作用是带有刺激性的，而不是带有破坏性的。外来的进攻通常可以使一个社会产生暂时的振作。③ 而需要强调淡化自身权益主张、强化整体义务使命的，无疑是被国际关系现实主义学派称为"处于无政府状态边缘"④ 的国际社会，亦即我们的人类社会。进一步的比较应该着眼于人类社会及其命运共同体。

（二）"人类命运共同体"与"人类社会"

联合国以环境可持续发展为宗旨的《二十一世纪议程》指出，没有任何一个国家能单独实现这个目标，但只要我们共同努力，建立促进可持续发展的全球伙伴关系，这个目标是可以实现的。这阐述的正是"人类社会"与"人类命运共同体"的关系。"人类社会"，特别是以"共同体"的名义而形成近代国家⑤以来，彼此之间设定了各种"边界"，逾越被视为侵犯，公地则被肆意索取。因而，宣言的宣讲对象，无疑主要指向各主权国家。面对全人类需要共同面对的危机，主权国家负有不可推卸的责任；但也只有主权国家，是当今国际社会的最主要行为体，可以引导各国的社会实践，为共同迎接命运而做出切实有效的行动。正如丹尼尔·贝尔提出的，"民族

① 此书名系严复翻译的英国社会学家斯宾塞所著《社会学研究》（*The Study of Sociology*）一书的中文版书名。
② 郑杭生：《社会学概论新修》（精编版），中国人民大学出版社，2009，第 7 页。
③ 汤因比：《历史研究》（中册），曹未风等译，上海人民出版社，1997，第 37 ~ 38 页。
④ 汉斯·摩根索：《国际政治的现实主义学派》，载秦亚青编《西方国际关系理论经典导读》，北京大学出版社，2009，第 30 页。
⑤ 这里的"近代国家"及下文的"主权国家""民族国家"属同一范畴。

国家显得太小而难于解决大的问题，同时它又显得太大而难于解决小的问题"①，意指对解决全球化等全人类共同面对的问题，民族国家之无力。对国家职责的反思，需要"人类命运共同体"的框架。

人类面对环境不可逆转的变化，而向世界各国做出共担命运的呼吁，传递了两个主要信息：第一，环境危机的根源在于，人类对自然的开发改造能力较以往有了大幅度提升；第二，人类社会自身的发展，信息、科技、交通能力的提升，使人类社会不得不直面利益日趋全球化的现实。因此，促使人类命运比以往更加深度相连的原因并非单纯来自环境的变化，环境的变化在很大程度上是人类开发改造自然的活动造成的后果；也非仅指人类对自然实践带来的变化，而是这一变化与人类社会在全球化时代所发生的社会变迁"相遇"所带来的结果。

海洋是自然的一部分，海洋社会也指向涉海人群所形成的社会，因此，上述思考显然同样适用于解读"海洋命运共同体"与"海洋社会"。

（三）"海洋命运共同体"与"海洋社会"

依据上述思路，结合"海洋命运共同体"和"海洋社会"概念所蕴含的理念，可以厘清两者的相通点与不同点。

相通并非简单地指相同，而是指两者具有共通的特性。"海洋命运共同体"与"海洋社会"第一个共通的特性就在于，两者都是在实践中形成的。这不仅是因为共同体和社会都与生产生活的实践活动密切相关，也是因为人类不得不共同面对自然环境的变化，也包括海洋环境的变化，而这些变化正是由人类本身的实践行为造成的。

第二个共通的特性在于两个概念都是在人类社会的全球化发展到一定程度时才被提出的。因此，其中的时代因素需要被重视——人类社会因发展需求的空前增加，而加大了向海洋索取资源、空间及加重环境负荷的速度、程度、广度和频度。

两个概念的提出缘起和关注角度相通，但需看到，不同点同样显而易见，甚至可以说，不同点的思考价值更高。

---

① 安东尼·吉登斯：《全球时代的民族国家：吉登斯讲演录》，郭忠华编，江苏人民出版社，2010，第178页。

首先，"海洋命运共同体"与"海洋社会"的时代意义显著不同，正如安东尼·吉登斯所指出的："全球化本质上是一个反思性不断增强的过程"①，"海洋命运共同体"也是对"海洋社会"的现代性阐释。区域社会在实现现代化之后，社会依然在循着自身的逻辑发展，由此产生的各种社会问题达到了一定程度，会使社会结构呈现与以往截然不同的状态。海洋之所以能够将各国人民结成共同体，是因为人类社会发展到一定程度后，遇到了瓶颈，以致人们不得不进行反思。上述信息显然不是"海洋社会"所能传递的。

其次，"海洋命运共同体"，无论从字面意义上，还是从定义内涵上，所强调的都是社会群体的共同特性，以及所有权的整体性与不可分割性。与此相对，"海洋社会"的概念更侧重于描述人与人之间形成的结构状态，强调的是涉海作业生态的多元性与各自的独特性。

再次，与前一点相连，"海洋命运共同体"的整体性决定了作为共同体的社会群体在实践中需要以整体利益为行为的准则，因此强调的是行为的义务本位特性。反观"海洋社会"，其对海洋实践作业的多元化的描述，必然呈现向海索利的结构性状态，强调的是实践行为所指向权利的正当性。

最后，两者的视角显而易见地不同。视各国人民安危为一体的"海洋命运共同体"，采取的是宏观视角；关注各种海洋实践行为的"海洋社会"，必然需要微观的视角。

"海洋命运共同体"与"海洋社会"两个概念的不同点是客观存在的，但思考二者的不同，并不意味着在"海洋命运共同体"的理论建构中，"海洋社会"的相关理论没有借鉴意义，恰恰相反，正因二者存在诸多不同，海洋社会学的理论足以丰富前者的内涵，提供更多维度和框架，这一点亦可称为社会学视角对"海洋命运共同体"的价值与意义。

三　社会学视角的意义

一般提到"视角的意义"，总不免与学科发展的价值相联系，但这样的

---

① 安东尼·吉登斯：《全球时代的民族国家：吉登斯讲演录》，郭忠华编，江苏人民出版社，2010，第 5 页。

理解并不透彻。应该说，视角之于研究最重要的价值不是完善某个学科、凸显某个学科的地位，而是在于用一个比较熟悉的框架——这亦是学科的价值，以尽量准确地发现现象后面的本质。将"海洋社会"与"海洋命运共同体"进行比较，实际上正是用社会学的视角，以求更准确地解读和阐释"海洋命运共同体"。

（一）展示以海洋为中心的视野

人类生存、繁衍于陆地，早期文明中就已出现"鱼盐之利，舟楫之便"，终究都是由陆地向外延伸，对海洋边缘进行探索。而"海洋社会"概念的提出，本身就是对人类社会观察出发点的一次变革，要求研究者摒弃以陆地为中心的视野局限，对人类历史、现实中的重大问题进行反思。冲绳的位置，从以陆地为中心的视野来看，无疑位处边缘；但从东亚海域来看，却居中心，从冲绳那霸到上海、首尔、马尼拉等亚洲主要城市的飞行时间都在 4 小时以内。中国、韩国与日本，从地理环境来看，分别属于沿海国家、半岛国家与岛国；但以海域为中心来看，早已形成东北亚地区的交通、贸易、生产整体性网络。南中国海从大陆看属于边缘海，但以南中国海为中心看周边地区，可知历史上海南渔民与东南亚国家之间频繁的贸易互动早已建构出一张覆盖整个环南中国海的跨海贸易网络。①

（二）揭示"海洋命运共同体"的主体多层化

社会学视角下的"海洋社会"，关注人类海洋开发、利用与保护的实践行为，而行为的主体无疑不仅是多元的，而且是多层次的。渔民、船员从事利用海洋渔业资源和海上通道的生产实践，是必然会被关注的海洋社会群体。② 绿色和平组织等与海洋环保相关的 NGO 与 NPO、某国的国内渔民自治组织③是人类海洋保护实践中不容忽视的主体。《联合国海洋法公约》的缔结使得相关海域中的各种活动都受到了国家框架的约束，因而国家也

---

① 王利兵：《作为网络的南海——南海渔民跨海流动的历史考察》，《云南师范大学学报》（哲学社会科学版）2018 年第 4 期。
② 崔凤等：《海洋社会学的建构——基本概念与体系框架》，社会科学文献出版社，2014，第 94～105 页。
③ 宋宁而、王琪：《日本的浒苔治理经验及其对我国的启示》，《海洋信息》2009 年第 3 期。

必然作为海洋社会的主体之一，受到社会学的关注。

提到"海洋命运共同体"，我们会很自然地首先想到"各国"这个主体层次。但需知，海洋之所以能将各国安危联系在一起，正是因为有从事相关活动的个人、群体、组织。近代欧洲民族国家的形成有着特定的历史原因，钱乘旦指出："欧洲国家是在经历了驱逐外来入侵者的独立战争中形成的。民族独立战争在形成民族国家的过程中非常重要。"[1] 而葛兆光也指出了"仅仅从近代欧洲历史进程与文化观念来反观中国的单一尺度"所可能出现的偏差，[2] 因此，我们对"海洋命运共同体"的理解不可仅限于国家层面，而要认识到，正是各层面的人类活动共同作用、互相影响、形成体系，才使得世界各国必然地、紧密地因"海洋"而形成"命运共同体"。

（三）明晰"命运"的内涵

社会学对人类海洋实践活动及其变化的关注，以及对这一变化与社会变迁之间关系的剖析，足以引导我们思考，海洋为何变得比以往任何时候都更重要？换言之，引发的是我们对海洋世纪中"命运"的时代意义的思考。"海洋命运共同体"之所以需要被提出，正是因为人类海洋实践能力的划时代提升。而与此同时，各个国家、区域之间在经济上越加相互依赖，信息传播与共享，都使得人们加快了向海洋进军的速度、扩大了向海洋进军的规模。海洋不再是分割各国的屏障，而变成了人类竞相开发的对象、通行的载体甚至生存空间本身。社会发展提供需求与缺口，科技能力提升使得向海索利成为可能，我们变得比以往任何时候都更执着于强调自身的权益，海洋无复宁静与神秘，成为争夺的对象。社会学对人类利用海洋行为的反思有助于我们认识到，作为"共同体"的紧迫性与必要性，以及因"命运"而必须共同负担的使命所在。

（四）清晰界定人类海洋实践中的共同利益

"海洋社会"揭示了人类海洋实践行为所指向的利益，也使我们看到了人类社会的各个层面，无论是个人、群体，还是组织、国家，都是通过改

---

① 钱乘旦：《西方那一块土：钱乘旦讲西方文化通论》，北京大学出版社，2015，第 184 页。
② 葛兆光：《主持人的话：从"周边看中国"到"历史中国之内与外"》，《复旦学报》（社会科学版）2016 年第 5 期。

造、利用抑或保护海洋的活动，以追求各种特定利益。由于海洋的流动性，海洋生态的系统性，以及海洋洋流与大气流动、海底地壳运动之间的紧密相关性，致使几乎所有涉海利益的实现都紧密相连。沿海地区的工业排污造成的海水污染，会导致海水养殖业受损；海啸引发的核电污染会使得当地海产品出口长期遭受影响；油轮在海湾中搁浅，会导致周边沿海地区污染，影响捕捞业、加工业、旅游业等海洋第一、第二、第三产业；海底勘探钻井平台的爆炸可能引发整个海湾生态危机。① 《中国海洋社会发展报告（2018）》显示，我国海洋社会的体系化发展动向显著，海洋社会实践与顶层设计更趋一致，② 这与海洋实践中的一荣俱荣、一损俱损的特性是密切关联的。我们需要重视海洋实践的整体性特征，否则，任何一种海洋利益都无法持续实现。

"海洋命运共同体"正是因人类社会变迁与开发利用海洋能力提升，而必然地由海洋联结成具有鲜明整体性与社会系统性特征的，共享生存发展权益、共担使命责任、休戚与共的人类社会共同体。

四 结语

通过概念的比较得出异同只是手段，其目的在于通过相邻事物的辨析，接近事物本质。学科是概念所形成的系列观点、知识体系与研究框架，因而以特定学科看问题，目的也不只在于助益学科发展，尽管这也是必不可少的，更在于对事物及其形成的现象、问题有更清晰、准确的认知。海洋人文社会科学的研究者在界定涉海事物的概念时，不可满足于将海洋与相关既有概念进行简单叠加，而应以学科的视角进行思辨，做出系统的论证。本文以社会学视角解读"海洋命运共同体"的概念，正是基于这一理念做出的努力。费此周章，只因准确的概念是"海洋命运共同体"相关理论研究的基本前提。

---

① 如发生在 2010 年 4 月 20 日的美国墨西哥湾原油泄漏事件。
② 崔凤、宋宁而：《中国海洋社会发展报告（2018）》，社会科学文献出版社，2019，第 1～14 页。

中国海洋社会学研究

2020 年卷　总第 8 期

第 14~24 页

© SSAP，2020

国家海洋督察的功能分析

张　良*

摘　要：国家海洋督察打破了科层制的常规性治理，将中央权威与意志更为直接地传递到地方和基层；提升了中央政府在海洋生态文明建设中的权威，实现了中央政策统一性与地方执行灵活性的统一。国家海洋督察建构起了中央政府－省级政府－地市级政府的政府内部层级监督机制，将中央对省级政府海洋资源环境保护的压力和责任传导给地方政府，形成压力层层传递、责任层层压实的局面，从而打通国家海洋督察的"最后一公里"。同时国家海洋督察引入外部的社会监督机制，充分发挥人民群众的力量，发动群众监督地方政府的用海管海行为，实现政府内部监督与外部社会监督的有机结合，确保了国家海洋督察的效果。

关键词：国家海洋督察　海洋督察成效　督察体制

自 2017 年启动海洋督察以来，国家先后两批次对沿海 11 个省（自治区、直辖市）进行了海洋督察。国家海洋督察包括督察进驻、督察报告、督察反馈、整改落实、移交移送等若干环节。国家海洋督察本质上是府际监督的一种特殊方式，以督促地方政府落实海域海岛资源监管和生态环境保护的法定责任，也就是由原国家海洋局①代表国务院对省级地方政府的督

---

* 张良，中国海洋大学国际事务与公共管理学院副教授，研究方向为国家海洋督察、地方政府治理。

① 国家海洋局原本是国土资源部下面负责监督管理海域使用和海洋环境保护的，机构改革后，不再保留国家海洋局，并对其职责进行整合。国家海洋局中的海洋环境保护职责并入生态环境部，其余绝大部分职能并入自然资源部。

促检查，督察的领域可以包括：地方政府对于中央关于海洋资源环境保护政策的执行与落实情况、国家海洋资源环境有关法律法规执行情况、地方政府用海过程中存在的突出问题（特别是围填海问题和海岸线破坏问题）。

实际上，近年来督察制度越来越成为中央政府制约地方政府的重要方式，督察的领域包括：中央环保督察、国家土地督察、国家海洋督察等。督察制度之所以应用于环境、土地、海洋等领域，很大程度上源于以下几个方面。一是中央与地方在生态文明领域存在一定的利益冲突。中央政策和国家法律是基于全国层面的整体性、系统性和长远性考虑，地方政府更多是基于区域层面的局部性、功利性和短期性考虑。特别是在干部任期制和 GDP 主义下，地方政府往往以牺牲生态环境换取短期的经济发展。二是诸如大气、海洋等资源具有较强的整体性和流动性，容易演变成区域性乃至全国性问题。这些问题的解决需要中央参与协调与处置。三是土地资源的利用情况、大气与水等环境保护问题关涉广大人民群众的生存问题和根本利益，也关系我党的执政基础和国家长治久安。四是党中央和国务院在十八大以后越来越重视生态文明建设，与此同时市场主体、社会力量、公众也越来越切身体会到"绿水青山就是金山银山"的深刻意涵。公众、新闻媒体、社会团体对生态环境保护越来越重视和关注，中央政府必须回应社会关切。

国家海洋督察是有别于科层制的治理体制，对于打破常规性治理、重塑中央与地方关系、加强政府内部层级监督具有重要意义。

一　实现科层制与督察制的有效结合

国家海洋督察打破了科层制的常规性治理，将中央权威与意志更为直接地传递到地方和基层。科层制的运作主要依托科层组织，通过压力型体制，将中央政策层层落实。在海洋行政管理与执法过程中，原国家海洋局是中央层面的海洋环境与资源管理机构，按照职能同构的原则，省级层面、地市级层面、县级层面一般设有相应对口机构。通过条条体系的职能部门，原国家海洋局可以将中央层面关于海洋资源环境保护的政策传递给各级地方政府相应的职能部门，形成纵向到底的格局。与此同时，海洋行政管理与执法等职能部门又深深镶嵌于条块关系的矛盾之中。换言之，海洋行政管理与执法部门既要受到上级职能部门的业务管理，又要接受属地政府的直接领导。原国家海洋局代表着中央层面的意志与权力，负责推动国家海洋法律法规的贯彻落实，确保中央生态文明建设等相关政策能够落地有声。当然，这最终有赖于延伸至地方各级政府的下属职能部门的有力配合。当一项关于海洋生态环境保护的政策传达到省级海洋行政管理部门的时候，往往需要充分考虑地方性因素，而中央政策往往也预留了一定的弹性空间。省级海洋行政管理部门需要充分征求省级政府及相关负责人的意见，制定出符合本省实际情况的具体政策。条块关系的复杂性也由此产生。尽管中央有关海洋生态环境领域的政策法规通过各个层级的地方政府层层传递并最终落地生花，但由于以科层制为载体，政策制定与政策执行的距离较大，政策变通执行、选择执行甚至歪曲执行的可能性较大，政策失真率较高，而政策执行的效率相对较低。

国家海洋督察制度实施以后，海洋生态环境治理打破了原有的常规性治理方式。国家海洋督察不仅仅依托科层组织，还组建了专门的海洋督察组，海洋督察组成员一般由原国家海洋局和各分局（北海分局、东海分局、南海分局）临时抽调人员构成。在督察过程中，每个海洋督察组负责一个省（自治区、直辖市）的督察工作。各个海洋督察组直接由原国家海洋局负责组建，并直接听命于原国家海洋局。这在一定程度上超越了传统的科层治理体制。海洋督察组代表国务院直接进驻沿海各个省（自治区、直辖市），对省级政府进行海洋督察。海洋督察组进驻时间一般为 1 个月左右。在督察期间，海洋督察组主要采取听取汇报、调阅资料、实地核查等形式进行督察。海洋督察组可以根据实际情况下沉至设区的市级人民政府。海洋督察组的督察对象不仅包括省级海洋行政管理部门和执法部门，还包括整个省级人民政府和设区的市级政府。省级层面及以下行政管理部门如果在海洋生态文明建设领域出现重大问题或突出问题，以省长领衔的省级政府需要担负首要责任。这就从制度层面统一了海洋行政管理部门和属地政府的职责，有效地缓和了条块关系之间的矛盾。同时，这种带有运动式治理特征的国家海洋督察能够在较大程度上避免科层制带来的政策选择性执行、政策变通执行甚至歪曲执行等政策失真问题。海洋督察组可以绕过常规的科层组织，直接对省级政府、地市级政府和县级政府及其海洋行政管理部门和执法部门进行检查和监督，有效地搅动了科层制下慵懒低效的治理机制，打破了烦琐冗长的工作流程，实现了科层制与督察制的有机衔接，达到了常规性治理与运动式治理的有机统一。国家海洋督察特别注重督察反馈和整改时效性。第一批海洋督察组兵分六路进驻辽宁等 6 个沿海省、自治区进行海洋督察，海洋督察组一般在地方进驻 30 天左右。在这短短 30 天内海洋督察组会密集地查阅资料、与地方政府相关负责人进行座谈或个别访谈、下沉到基层查看海洋管理或执法情况、接受群众举报地方政府或企业的违法违规用海行为。海洋督察组在督察结束 20 天内形成督察报告及督察意见书，督察结束后 35 天内将其内容反馈给被督察的地方政府。地方政府于督察情况反馈后 30 天内将整改方案报送至原国家海洋局，经批准后按照方案进行整改并在 6 个月内报送整改情况。国家海洋督察可以根据情况对重要督察整改情况组织"回头看"。由此可见，国家海洋督察在很大程度上打破了科层制按部就班的常规治理模式，可在短时间内检查和督促地方政府进行高质高效的海洋生态环境治理。

二　寻求中央与地方权力关系的适度平衡

国家海洋督察提升了中央政府在海洋生态文明建设中的权威，实现了中央政策统一性与地方执行灵活性的统一。中央与地方权力关系的有效平衡一直是央地关系的核心要素，但这种平衡往往难以真正实现，央地之间经常徘徊于"一收就死、一放就乱"的两难境地。中央权力集中可以维护中央政府的权威，确保中央政策畅通无阻、高质高效地执行，地方适度分权可以形成多个自由、自主的创新动力源泉，可以将中央政策与地方实际充分结合，并自下而上地不断推动中央政策的完善。就海洋生态文明建设领域而言，中央权力集中的必要性在于，保证全国性海洋资源的适度开发与合理利用，确保全国性海洋生态环境的可持续发展，保障海洋资源环境利用的区域性平衡和代际公平。同时由于海洋水体具有流动性和整体性的特征，中央政府作为权威性协调力量，可以确保沿海各个省份公平、公正地利用海洋资源。地方分权的必要性在于，海洋分布于不同的、各个层级的地方政府，各级政府及人民对于海洋资源利用具有天然的正义和得天独厚的优势，他们能够根据本地区的利益和公众需求，将海洋资源环境的开发与利用发挥到极致。

　　就现实情况而言，当前海洋生态环境出现较为严重的污染，海洋资源利用呈现过度开发和索取的态势，这些非常不利于海洋生态环境的保护与海洋资源的利用，也与党中央提出的生态文明建设思想背道而驰。之所以出现此种情况，在很大程度上源于，地方政府将发展经济置于海洋环境保护之上，将最大限度利用海洋资源置于海洋生态文明建设之上。例如，辽宁省为了追求地方经济发展，不断扩大围填海面积，并出现空置土地现象。在第一批国家海洋督察中，辽宁省已核查的 15150 公顷区域建设用海规划内填海造地，空置土地面积达 9441 公顷，空置面积占已填面积的 62%。① 过度的围填海既造成了资源浪费，又严重破坏了海洋生态环境。河北省唐山市海港经济开发区、乐亭县违反管控措施要求，在海洋生态保护红线内为大连亿丰海产品贸易有限公司等单位 105 宗围海养殖换发海域使用权证书。② 这虽然有利于当地海洋养殖业的发展，却严重破坏了海洋生态保护区的环境。海南省在麒麟菜和白蝶贝两个省级自然保护区内共审批围填海项目 10 宗。在推动洋浦经济开发区建设过程中，海南省为了推动相关项目建设，将白蝶贝自然保护区内 29900 公顷的海域调整出保护范围。③ 有些地方政府为了推动海洋经济发展，海洋执法不严，行政处罚流于形式，甚至存在财政代缴和返还罚款的现象。以河北为例，沧州渤海新区交通运输局非法占用海域被处罚款 2134.57 万元，沧州渤海新区管理委员会从财政全额拨款给该单位用于支付罚款；沧州黄骅港综保建设有限公司违法围填海被处罚款 8.4673 亿元，沧州渤海新区管理委员会以建设资金的名义分 4 笔合计约 8.5 亿元拨付企业予以返还。④ 沧州渤海新区管理委员会为了保护辖区企业发展而置国家法律和中央政策于不顾，变相纵容了企业违法行为。

　　特别值得注意的是，一些地方政府的用海管海行为已经违反了中央政府的有关规定。例如，按照国务院批准的要求，《河北省海洋功能区划（2011—

① 信娜：《首批国家海洋督察组已完成辽宁等 6 省督察进驻　重点关注围填海问题》，搜狐网，https://www.sohu.com/a/195714370_114988，最后访问日期：2020 年 8 月 6 日。
② 刘诗平：《国家海洋督察组：河北填海造地逾 3 万公顷　空置率达 68%》，搜狐网，https://www.sohu.com/a/217090470_115479，最后访问日期：2020 年 8 月 6 日。
③ 《国家海洋督察组向冀琼闽反馈围填海专项督察情况》，新华网，http://www.xinhuanet.com/energy/2018-01/17/c_1122269445.htm，最后访问日期：2020 年 8 月 6 日。
④ 阮煜琳：《国家海洋督察组：河北围填海行政处罚存在返还罚款现象》，搜狐网，https://www.sohu.com/a/217102635_267106，最后访问日期：2020 年 8 月 6 日。

2020 年)》中要求河北省自然岸线保有率为 35%，但是河北省多个文件对此置若罔闻，擅自将自然岸线保有率设定为 20%。① 无独有偶，江苏省违反国务院规定，违规下放围填海项目审批权，将试验区内 10 公顷以下围填海项目的审批权下放至南通市人民政府。② 再如，福建省制定的 3 个涉及海域使用金减缴的文件，公然违反国家有关规定，扩大了海域使用金减缴范围。2012 年至 2017 年 6 月，福建省审批的 262 个围填海项目中，有 110 个项目依据 3 个违规文件减缴海域使用金约 2.11 亿元。③

　　国家海洋督察正是在以上背景下提出来的。国家海洋督察的重要目的就是要对地方政府在海洋资源环境开发与利用中的权力进行限制，就是要对地方政府重视经济发展、忽视海洋环境的行为做出纠正，就是要对地方政府在海洋执法过程中执法不严、变相纵容违法的行为做出警示，就是要对地方政府违反中央政策、影响中央权威的用海行为形成强大震慑。首先，海洋督察组代表国务院开展督察，对督察中发现的违纪违法行为，需追究党纪政纪责任的，移交纪检监察机关处理；涉嫌犯罪的，移送司法机关依法处理。其次，国家海洋督察会指出被督察的地方政府（包含省级、地市级和县级）在用海管海过程存在的违法违规行为并提出整改要求，对于在 6 个月内没有按照要求进行整改的地方政府，会采取实施区域限批、扣减围填海计划指标等措施予以处置。以上表明，中央对于地方的用海权是拥有制约手段的，可以限制地方权力在海洋资源环境开发过程中的肆意扩张。

　　另外，国家海洋督察加强了中央与地方之间在海洋开发方面的沟通协调。海洋督察组组长一般由原国家海洋局副局长担任，从级别来看大多属于厅级干部，但其督察对象则包括省级政府。尽管如此，因为海洋督察组代表的是国务院，所以迎接海洋督察组的一般为正部级的省长（自治区主席、直辖市市长），从两批次 11 个沿海省（自治区、直辖市）的督察情况来看，省长（自治区主席、直辖市市长）均列席海洋督察动员会议，并向

---

① 刘诗平：《国家海洋督察组：河北填海造地逾 3 万公顷　空置率达 68%》，搜狐网，https://www.sohu.com/a/217090470_115479，最后访问日期：2020 年 8 月 6 日。

② 《国家海洋督察组：江苏省围填海方面存在四大问题》，中华人民共和国中央人民政府网站，http://www.gov.cn/xinwen/2018-01/14/content_5256565.htm，最后访问日期：2020 年 8 月 6 日。

③ 《国家海洋督察组　福建围填海管控存在问题》，搜狐网，https://www.sohu.com/a/217136205_114988，最后访问日期：2020 年 8 月 6 日。

海洋督察组进行表态，其基本意思就是支持海洋督察组工作，将会按照督察意见进行严格整改。在海洋督察组反馈意见后，地方政府一般会成立以省长（自治区主席、直辖市市长）为组长的海洋督察意见反馈整改领导小组，并向海洋督察组表达坚决按照要求进行整改的决心。例如上海、浙江、天津等省（直辖市）的相关领导均明确表态，要坚决按照反馈意见进行整改落实；广东省省长表示"狠抓问题的整改落实，同时注重建立长效机制"；山东省省长表示"确保认识水平提上去、提到位，整改措施落下去、落到位，海洋工作强起来、强到位"①。省级政府需要按照海洋督察组的反馈意见提出整改方案，整改方案一般采取清单式，将海洋督察组反馈的所有问题逐一细化分解为若干个整改事项，针对每一个整改事项都明确其责任单位、整改时间、整改目标和具体的整改措施，对海洋督察组提出的每一个意见都要制定相应的整改措施或给予充分的回应。以上分析表明，国家海洋督察是中央权威在地方海洋资源环境领域的一次展演，可以对地方权力形成在场威慑。

三　达致政府内部层级监督与外部社会监督的有机统一

国家海洋督察建构起中央政府－省级政府－地市级政府的政府内部层级监督机制，将中央对省级政府海洋资源环境保护的压力和责任传导给地方政府，形成压力层层传递、责任层层压实的局面，从而打通国家海洋督察的"最后一公里"。同时国家海洋督察引入外部的社会监督机制，充分发挥人民群众的力量，发动群众监督地方政府的用海管海行为，实现政府内部层级监督与外部社会监督的有机结合，确保了国家海洋督察的效果。

第一，代表国务院的海洋督察组对省级政府形成督导压力。在实施国家海洋督察之前，原国家海洋局对省市县各级海洋行政管理部门更多限于职能对口部门间的业务指导。国家海洋督察实施后，海洋督察组不仅对省市的海洋主管部门和海洋执法机构进行监督检查，而且代表国务院对沿海省（自治区、直辖市）人民政府进行监督检查，甚至可以下沉至设区的市

---

① 刘诗平：《围填海督察全覆盖：坚决打好海洋生态保卫战》，中华网，https：//news. china. com/domesticgd/10000159/20180713/32680515_2. html，最后访问日期：2020 年 8 月 6 日。

级人民政府。如此一来，海洋督察组借助国务院授权，向省级政府传递督察压力，不仅如此，还可以通过省级政府向其下的海洋主管部门施加压力，从而保证了督察的纵向到底。

与此同时，海洋督察组所在的原国家海洋局拥有对省级政府的处罚权力。例如，对于没有按照海洋督察组要求在规定期限内进行整改落实的，原国家海洋局可以对相关地方政府削减围填海指标或区域限批，这对热衷于发展经济的地方政府而言可谓影响重大。不仅如此，海洋督察组对于在海洋生态环境保护中不作为或消极作为并造成重大损失的地方政府党政领导，有权向党中央和国务院建议处置负有主要责任的地方政府的主要领导干部。这也就使得中央政府－省级政府之间的内部层级监督具有强制性的约束力。

第二，在海洋督察组压力下，省级政府建立了对本地海洋行政管理部门和地级市的督导检查工作机制，将中央意志和海洋督察组整改意见层层传递下去。国家海洋督察实施之前，省级政府更为关注海洋经济发展、海洋资源开发利用，而海洋生态环境保护更多属于省级海洋行政管理部门的职责。省级政府为了发展地方经济，可能会要求下属的海洋行政管理部门变通执行、选择执行原国家海洋局的海洋生态环境保护政策。但是，国家海洋督察实施以后，省级政府和省级海洋行政管理部门共同被纳入海洋督察组的督察范围，可以共同对地市级政府、县级政府和各海洋行政管理部门形成海洋生态保护的督察压力。从海洋督察组对沿海 11 个省（自治区、直辖市）的督察情况来看，各个省级政府均成立海洋督察整改工作领导小组，贯彻落实海洋督察组的整改意见，并出台具体的整改方案。该领导小组一般由省长（自治区主席、直辖市市长）担任，领导小组成员包括省发改委、省财政厅、省自然资源厅（海洋与渔业厅）、省环保厅、省农业农村厅等多个省直政府部门，领导小组的人员构成充分保障了海洋督察整改的组织权威性和资源动员能力，从而打破科层制互相推诿、缺乏统一协调的局面。领导小组下面一般设立领导小组办公室，办公室主任一般由原来的省海洋局（或海洋与渔业厅）主要领导担任，主持省级的日常海洋督察工作。省级海洋督察整改工作领导小组对各个市县的整改落实情况进行跟踪、监督、检查，确保海洋督察组的反馈意见能够在沿海市县得以贯彻落实。对于整改落实进度滞后、整改成效不明显的县市政府、责任单位和地方官员，省级海洋督察整改工作领导小组视具体情况，或者对其进行通报批评，或者对其进行督办、约谈，甚至可以对其进行组织处理和司法处理。同时，省级督察机构可以下沉督导，向下面的地级市和县级市层层传导压力、层层压实责任。2018 年 11 月 17～19 日，山东省海洋局主要负责人就曾代表山东省海洋督察整改工作领导小组亲赴威海、烟台开展围填海方面的督察工作，并到 7 个地方现场查看了整改落实情况，① 有力确保了地级市海洋行政管理部门和执法部门对国家海洋督察整改意见的贯彻落实。

第三，在省级海洋督察的压力下，各市成立了相应的落实海洋督察整改的督察机构，将海洋生态环境保护的责任和压力传导到基层。按照省级海洋督察整改工作领导小组的意见和部署，市级海洋督察整改机构负责本区域的资源整合和部门协调，具体落实海洋督察整改任务。市级的督察机构一般设立在原来的市级海洋与渔业局（机构改革后，有的市级海洋与渔业局并入市级自然资源局）下面，抽调相关部门和科室人员，组成海洋督察办公室。就分工与职责而言，各个市级政府对本地海洋资源环境保护工作负总责，其中，主要领导负全面领导责任，分管领导负重要领导责任，具体工作部门负直接责任。如此一来，海洋督察组通过对省级政府施加督察压力，再通过省级政府向市县政府和各级海洋行政管理部门施加督察压力，从而将海洋生态环境保护的压力层层传递、责任层层压实。

第四，在政府内部层级监督之外，国家海洋督察还建构了外部社会监督机制。从权力制衡的角度来看，如果缺失外部力量监督，政府内部监督特别是省级政府以下的层级监督效力往往稍显不足。从这个角度而言，有必要引入外部社会监督机制，充分发挥人民群众的力量，发动群众监督地方政府的用海管海行为。同时，知执政得失者在草野，当局者往往会面临"不识庐山真面目，只缘身在此山中"的困局。政策受众的意见往往能更好地检验政策执行者的是非功过，并推动政策制定与执行的不断完善。国家通过海洋督察推动海洋生态环境保护的根本出发点和落脚点还是维护广大人民群众的根本利益。因此，在国家海洋督察中，充分征求和吸纳沿海地区利益相关群众对海洋开发与保护的相关意见，就显得尤为必要。

---

① 《中国海洋报：山东省海洋局下沉督导非法围填海整治》，山东省海洋局网，http://www.hssd.gov.cn/xwzx/mtjj/201811/t20181123_1892625.html，最后访问日期：2020 年 8 月 6 日。

在国家海洋督察过程中，海洋督察组进驻地方后会主动向社会公布联系方式。海洋督察组在地方进驻的 1 个月左右时间内，会设立专门值班电话和邮政信箱，受理群众来信来电，接收群众提供的线索，并对收到的线索进行认真梳理、区分处理。同时海洋督察组要求地方政府将整改落实情况通过中央或当地省级主要新闻媒体向社会公开。例如，海洋督察组进驻山东后就开通了举报电话受理群众来电、信访举报，每日转交并督办群众举报案件，并要求地方政府对转交案件快查快办、立行立改。为回应社会关切、强化社会监督，山东省加强了立行立改、边督边改情况的信息公开和宣传报道。山东省人民政府网站、山东省海洋与渔业厅网站、各市县政府网站按照要求公开海洋督察举报电话、举报信箱等信息，将群众举报问题的整改情况列表，方便公众查询。① 据统计，第一批被督察的 6 省（自治区）政府已办结来电、来信举报 1083 件，责令整改 842 件，立案处罚 262件，罚款 12.47 亿元，拘留 1 人，约谈 110 人，问责 22 人。② 海洋督察组要求地方政府启动问责机制，曝光问题、公开处理、严肃问责；要求各级地方政府落实国家海洋督察反馈意见的整改进度和整改成效，要在中央媒体或地方主要媒体公开，自觉接受基层群众和社会团体的监督，从而实现政府内部层级监督与外部社会监督的有机结合，确保国家海洋督察的效果。

四　总结与展望

综上所述，国家海洋督察从海洋生态文明和环境可持续发展的高度，监督检查地方政府对于国家海洋资源环境有关决策部署的贯彻落实情况、国家海洋资源环境有关法律法规的执行情况、围填海等突出问题的处理情况，努力实现海洋资源保护与利用的经济效益、社会效益和生态效益相统一。国家海洋督察打破了科层制的常规性治理，将中央权威与意志更为直接地传递到地方和基层；提升了中央政府在海洋生态文明建设中的权威，

① 王晶：《第二批国家海洋督察组第二组（山东）正式进入下沉督察阶段》，搜狐网，https://www.sohu.com/a/208617473_740029，最后访问日期：2020 年 8 月 6 日。
② 阮煜琳：《罚款超 12 亿元！六省区约谈问责 132 人　国家海洋督察第一批围填海专项督察意见反馈完毕》，搜狐网，https://www.sohu.com/a/217362143_726570，最后访问日期：2020 年 8 月 6 日。

实现了中央政策统一性与地方执行灵活性的统一。国家海洋督察建构起中央政府－省级政府－地市级政府的政府内部层级监督机制，将中央对省级政府海洋资源环境保护的压力和责任传导给地方政府，形成压力层层传递、责任层层压实的局面，从而打通国家海洋督察的"最后一公里"。同时国家海洋督察引入外部社会监督机制，充分发挥人民群众的力量，发动群众监督地方政府的用海管海行为，实现政府内部层级监督与外部社会监督的有机结合，确保了国家海洋督察的效果。

国家海洋督察已经分两批对沿海 11 个省（自治区、直辖市）完成了第一轮督察。通过上文对国家海洋督察的功能分析，可以预见，接下来可能会实行第二轮、第三轮的国家海洋督察，并有望常态化。同时，督察制度也越来越被中央政府所采用，除了当前的国家海洋督察、中央环保督察、国家土地督察，督察制度有可能逐步扩展到其他领域，并有可能成为一种越来越普遍的、日益重要的国家治理体制。督察制度亟待学界的进一步探索与深入研究。

渔民群体的流动与发展

中国海洋社会学研究

2020 年卷　总第 8 期

第 27~42 页

© SSAP，2020

传统海洋渔民雇工群体研究

——基于广东湛江的考察

高法成　叶锦非*

摘　要：传统海洋渔民雇工少量占有或不占有海洋捕捞的生产资料，靠出卖劳动力为生，是渔民中较为底层的体力劳动者。通俗来说，就是这些"打工苦力"组成了传统渔民中的下层群体。深入探究这一群体怎样演变、发展和形成，有哪些特点，现状如何，是研究其他相关问题和后续对其进行群体研究的关键和前提。本文以湛江市海洋渔区为例，从渔业发展脉络、私营渔民的准入机制、投资成本的限制、个人生存理性、经济理性的选择和市场的作用，分析他们形成并一直存在的原因。此外，本文试图从收入、工作、子代、社会支持、相对剥削感与自我认同等方面，呈现这一群体的现状。

关键词：弱势群体　海洋渔民　渔民雇工

根据《国务院关于促进海洋渔业持续健康发展的若干意见》，当前渔民民生迫切需要得到改善。提高渔业效益、拓宽渔民转产转业和增收渠道、促进渔区社会事业全面发展，需要切实推进渔村建设、促进渔民转产转业、完善社会保障机制三方面的工作。传统渔民雇工群体作为渔民的组成部分，是被忽视的社会底层。深入了解这一群体，一方面可以了解渔民的生存状

---

*　高法成，广东海洋大学法政学院社会学系副主任，博士，副教授，研究方向为应用社会学；叶锦非，广东海洋大学法政学院社会学专业 2013 级本科生。

况、生产状态，为编制捕捞渔民转产转业规划提供实践基础，从而有效调动渔民转产转业的积极性，促进捕捞渔民的职业转型；另一方面也可以整合好渔民、渔业、渔村之间的关系，促进渔区和睦、健康地发展。

一　问题的提出及研究综述

在我国，渔民与农民一样是既有身份又有职业的概念。对于渔民的概念，目前尚难明确界定。传统的海洋渔业是指海洋捕捞业，在这个意义上的渔民是指以捕鱼为业的人。联合国粮食及农业组织（FAO）认为，渔民是一个描述一个人（男性或女性）从事捕鱼活动的中性词语，指在渔船、漂浮物、固定平台上，或在岸边从事捕鱼的个人，不包括渔业工人或渔业贸易人员。从 FAO 的定义可以看出，渔民仅指从事捕捞业的人，并未包括从事养殖业的人。此外，国内辞书对渔民的解释也是传统捕捞者。比如，《中华现代汉语词典》认为，所谓渔民指的是 "以捕鱼为生的人"①。《水产辞典》对传统渔民的定义为：历史上从事渔业生产，并依托渔业为生的渔民，隶属于渔业乡、渔业村的劳动者。② 结合权威界定，本文认为传统海洋渔民是直接从事海洋捕捞生产作业，并以此为生存依靠和生活保障的传统渔业劳动者，没有或有少量土地也只是用作居住或简单种植。该群体不包括参加捕捞作业的渔业经营管理人员，也不包括不具有渔业户籍的外来渔业劳工。当然，这里的捕捞作业不包括相关的捕捞渔用工业和渔业流通与服务活动。

按照渔业作业生产资料的所有者来分，海洋渔民可以被分为船东和雇工。雇工，即海洋渔民雇工，本文简称为渔工，是指受雇于船东、为渔船所有者打工的渔民群体。而传统海洋渔民雇工，即传统渔工，是指在传统海洋渔业区中没有生产工具、受雇于从事海洋捕捞作业的私营渔民船东的传统渔民，区别于当前因社会流动而至渔区打工的现代职业打工者，尤指那些不具有渔业户籍的外来渔业雇工。

国内关于渔民的研究在 21 世纪才兴起，关注的焦点主要集中在渔民的

---

① 于明善：《中华现代汉语词典》，华语教学出版社，2011，第 1503 页。
② 潘迎捷：《水产辞典》，上海辞书出版社，2007，第 241 页。

分化分层问题、渔民"双转"的一系列问题、"失海"渔民的权益保障问题、"三渔"问题、海洋海岛渔村变迁和海洋渔业文化变迁问题等。在国际上，渔民研究一直是海洋研究的重要组成部分，保护弱势渔民一直受到广泛关注，有关研究早在 20 世纪 80 年代就得到蓬勃发展，涉及小型或个体渔业渔民的贫困问题、落后地区近海渔业社区的发展研究、渔民雇工群体研究等。但我国学术界关于弱势渔民群体的研究除了对弱势渔民的泛泛而谈和对其中一个细致分化的关注点——"失海"渔民的研究之外，再无其他，对传统渔工的研究更是处于边缘状态。

在渔民的分化分层研究上，林光纪根据在龙海市浯屿村渔民的实证调查，将渔民按照户籍所在地、资本规模、生产资料、雇佣关系划分为 8 类，分别为：本埠捕鱼生产者兼投资者；本埠没有股本的直接生产者，一般为本埠籍家境较贫困者，或与亲朋好友搭船作业；本埠捕鱼投资者，但不出海捕鱼；外埠雇佣渔民；捕鱼运输船船员；养殖鱼排操作渔民；渔业配套的企业生产者；外埠投资者。[①] 唐国强基于一个近海渔村的实地调查，认为公司私有制改变了渔村的职业分层，渔村职业分层由不明显逐渐明晰：养殖承包户或大型捕捞船船主；养殖领工或大型捕捞船船长；养殖工人或大型捕捞船船员；"下小海"渔民；退休渔民或其他有薪水者；无固定收入或无收入渔民。[②] 崔凤、张双双则根据在山东省 10 个渔村获得的职业状况调查数据，以家庭年收入为依据，将海洋渔民群体划分为上上、中上、中、中下和下下 5 个阶层，分析了这 5 个层级的海洋渔民群体在受教育程度、社会关系状况、职业变动情况、家庭劳动力状况等方面较为明显的特征，再通过与内陆农民分层对比研究，总结出海洋渔民群体分层的特点。[③]

在渔民转产转业的研究上，宋立清认为不能把近海渔民转产转业看作一个简单问题，而应看到渔业问题的本质，运用推拉理论和"经济人"假设分析渔民转产转业难问题，最后结合国内外经验，总结近海渔民转产转

---

① 林光纪：《"渔民、渔业、渔村"逻辑与悖论——以龙海市浯屿村渔业调查为例》，《中国渔业经济》2010 年第 4 期，第 5～17 页。
② 唐国强：《渔村改革与海洋渔民的社会分化——基于牛庄的实地调查》，《科学经济社会》2010 年第 1 期，第 84～89 页。
③ 崔凤、张双双：《海洋渔民群体分层现状及特点——对山东省长岛县北长山乡和砣矶镇的调查》，《中国海洋社会学研究》2013 年总第 1 卷，第 89～106 页。

业的路径，即基于产权的共同管理，落实减船政策、明晰渔业产权，促进渔民自主管理，解决我国渔民转产转业问题。① 同春芬认为海洋渔业正在从传统产业向现代产业转变，要严格控制近海捕捞强度，重视海洋渔业资源增殖，鼓励海洋渔民发展海洋休闲渔业、尽快转产转业。② 居占杰、刘兰芬从渔民自然生存条件、综合素质、资金和政府支持等方面分析沿海渔民转产转业面临的主要困难，认为沿海渔民转产转业是实现渔业经济可持续发展的战略举措，必须加大政策扶持力度、调整产业结构、加强渔港经济区建设和严格执法管理等。③

　　"失海"渔民的研究主要集中在探讨"失海"渔民的概念、产生原因、权利保障和社会保障体系建设。在"三渔"问题的研究上，张秋华等以东海区转产渔民出路为例，从安置渔民角度，针对减船转产政策，将生计渔业与商业渔业分类，提出渔业劳动力准入机制，给传统渔民以生活保障。④ 于立等对辽宁湾海蜇捕捞业深入分析，并将"三渔"问题与"三农"问题进行类比，得出渔业资源枯竭、渔民生活困难、渔村经济薄弱的"三渔"特征。⑤ 王建友则分析了"三渔"问题的系统性特征，认为渔业过密化、渔民过溺化、渔村过疏化影响海洋可持续发展，并寻找"三渔"问题的突围思路。⑥

　　在国内已有的有关渔民的研究中，关于传统渔民雇工群体的研究几乎没有。董加伟虽以传统渔民为研究对象，但他是在公法视野下研究传统渔民用海权，试图解决传统渔民用海权与相关权益冲突，探究传统渔民用海权行政补偿法律问题，并建构传统渔民用海权法律制度。⑦ 林光纪在对渔民

---

①　宋立清：《中国沿海渔民转产转业问题研究》，博士学位论文，中国海洋大学，2007。

②　同春芬：《海洋开发中沿海渔民转产转业问题研究》，《海洋开发与管理》2008 年第 1 期，第 25～28 页。

③　居占杰、刘兰芬：《我国海洋渔民转产转业面临的困境与对策》，《中国渔业经济》2010 年第 6 期，第 18～22 页。

④　张秋华、俞国平、郭文路等：《东海区减船转产渔民出路的调查研究》，2008 年东海渔业论坛论文集，2013，第 135～145 页。

⑤　于立、孙康、徐斌：《"三渔问题"与公共政策调查思路》，《公共管理学报》2007 年第 2 期，第 30～35 页。

⑥　王建友：《中国"三渔"问题的突围之途》，《中国海洋社会学研究》2013 年总第 1 卷，第 130～142 页。

⑦　董加伟：《公法视野下的传统渔民用海权研究》，博士学位论文，山东大学，2015。

分层时稍稍提及雇佣渔民，他认为渔民分层主要源于市场转型和生产要素的流动。①

还有一部分学者关注了渔民中的弱势群体。唐议从经济收入、外部风险承受能力、社会竞争力和生产生活等方面分析了我国渔民弱势群体的外部特征，并从渔业自身特征、法律和制度、渔业管理措施以及渔民自身等角度剖析了渔民弱势群体的成因，提出健全渔业权益保障制度、完善渔业服务机制、培育合作组织、加强渔业资源保护等扶助渔民弱势群体的长效机制。② 梅蒋巧认为渔民弱势群体的成因在于渔业风险高、渔民容易成为失业群体和渔民权益缺乏保障，她从渔民从业环境恶化、渔民收入普遍较低、渔民自身发展力有限和渔区的社会保障覆盖面不宽等角度论证了渔民弱势群体的现状及面临的困难。同时，在加强渔业资源养护和管理、提高渔民综合素质、保证转产转业资金的可持续利用和建立健全渔业权制度等方面，她也提出了若干扶助渔民弱势群体的对策措施。③

在国际上，相关研究一直聚焦于小型或个体渔业渔民的贫困问题、落后地区近海渔区的发展问题和弱势渔民从事渔业的权利保护问题。有关研究在1980年以后蓬勃发展，以地区甚至是以国家为对象，主要研究小型渔业的经济结构，特别关注贫困现象，一般从环境、资源、社会发展多方面多维度分析小型渔业和渔区贫困形成的原因，另外更为广泛的渔民生计问题、渔区的对比性落后问题以及相关的政策法规在近些年来也受到一定的关注。④ 此外，为缓解生计、手工渔业和渔业社区的贫困问题而开展的公共政策研究，近些年来也受到一定的关注。这种对渔民问题的研究以案例研究为主，包括区域性研究和国家研究，案例多数来源于非洲和亚洲的经济欠发达地区。⑤ 上述案例研究以评价性分析为主，更多地在于现象经验与教

---

① 林光纪：《"渔民、渔业、渔村"逻辑与悖论——以龙海市浯屿村渔业调查为例》，《中国渔业经济》，2010年第4期，第5~17页。

② 唐议：《我国渔民弱势群体问题与对策分析》，《中国渔业经济》2006年第4期，第3~7页。

③ 梅蒋巧：《沿海渔区渔民弱势群体的现状与问题研究》，《经营管理者》2013年第16期，第73~80页。

④ Bene, C., Macfadyen, G., Allison, E. H. *Increasing the Contribution of Small-scale Fisheries to Poverty Alleviation and Food Security*. FAO Fisheries. Technical Paper No 10. Rome：FAO, 2007.

⑤ Radoki, C. "A Capital Assets Framework for Analysing Household Livelihood Strategies：Implications for Policy." *Development Policy Review*, 1999, 17315 – 17342.

训的总结，建议性解决方案的论证相对较少。从发展趋势来看，包括生计、手工渔业及渔民雇工在内的渔民弱势群体问题将得到国际社会的进一步关注。

二　湛江海洋渔业区内的传统渔民雇工

湛江是粤西和北部湾经济圈的经济中心，位于中国大陆最南端雷州半岛上，三面临海，具有广东 2/5、相当于中国 1/10 的海岸线，由于地处北回归线以南的低纬地区，年平均气温 23℃，海水温暖度适宜，周边渔场众多，渔业资源丰富，渔业发达。湛江市辖吴川市、雷州市、廉江市（三个县级市）和徐闻县、遂溪县（两个县），以及赤坎区、霞山区、坡头区、麻章区、湛江市经济技术开发区。截至 2015 年底，全市常住人口 724.14 万人，渔业人口 48.45 万人。湛江海岸线漫长，渔业资源丰富，靠近南海渔场，所以自古以来其渔业生产就占据着重要的经济地位。正因此，以捕鱼为业的传统渔民占了渔业生产者的大部分。

表 1　2015 年湛江市渔业人口与渔业从业人员情况

单位	渔业村（个）	渔业户（户）	渔业人口（人）		渔业从业人员（人）				专业从业人员（人）		
			小计	传统渔民	小计	专业从业人员	兼业从业人员	临时从业人员	捕捞	养殖	其他
湛江市	217	80875	379078	224739	166360	124836	31963	9561	67637	51173	6026
赤坎区					291	203	21	67	10	177	16
霞山区											
坡头区	5	13363	72298	58389	24910	16910	5013	2990	5185	9715	2010
开发区	5	3946	20020	19593	11297	8656	2034	607	5185	2928	543
麻章区	4	4420	12305	9835	9007	5795	2700	512	4019	1246	530
吴川市	29	4320	17225	1762	9341	7968	1373		5794	1520	654
徐闻县	35	10390	54669	29505	30240	26081	2541	1618	13870	11838	373
雷州市	84	18886	85859	67767	37318	29980	4743	2595	13061	15767	1152
遂溪县	43	20710	91803	16815	33362	20641	11663	1058	15105	5367	169
廉江市	12	4840	24899	21073	10591	8602	1875	114	5408	2615	579

资料来源：湛江市海洋与渔业局《2015 年湛江市水产生产年报表》。

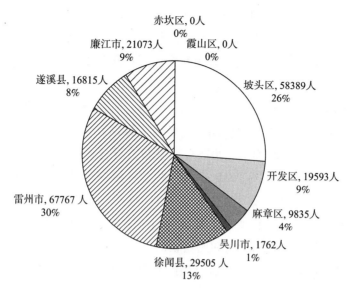

图 1　湛江市各地区传统渔民分布

资料来源：根据湛江市海洋与渔业局《2015 年湛江市水产生产年报表》整理所得。

　　湛江拥有渔业港湾 101 处，渔业乡 14 个，渔业村 217 个，渔业户 80875 户，传统渔民 22.5 万人。目前湛江远洋作业船只全部由渔业公司经营，总共 20 余艘，由于远洋船只较少，本文暂且不计。除去张网和围网的作业方式外，其他渔船绝大多数以拖网和刺网的方式作业，这些从事渔业捕捞的渔船接收了大量的传统渔工。拖网船只主要为中型渔船，操作难度大，所需工作量大，所以需要雇用渔工，比如江洪镇的拖网作业船只每艘渔船需要 6~8 人协同作业，这样就吸收了大量的传统渔工。在笔者调查期间，江洪镇有中型渔船 97 艘，总功率达 12699kW，总吨位达 5625 吨。其中拖网作业渔船有 69 艘，功率达 12699kW。刺网作业船一般是小型渔船，也有中型渔船赴海南捕鱼。以硇洲镇为例，全镇 997 艘（2015 年数据）的小型渔船中绝大部分采取刺网作业的方式，部分渔船为家庭式经营，只需少量雇工。每只船需雇用 1~3 位渔工，在硇洲有经验的传统渔工是"供不应求"的。而江洪镇的小型渔船多为家庭式经营，较少雇用渔工。我国《渔业捕捞许可管理规定》对海洋机动渔船分类的标准进行了规定，小型渔船指主机功率不满 44.1kW（60hp），且船长不满 12m 的渔船，中型渔船则是主机功率介于 44kW~440kW（61hp~599hp）的渔船，对于内陆水域的捕捞渔船，也按照这一标准。2015 年，湛江市在册渔船有 127785 艘，其中小型渔船就有 11610 艘，中型渔船有 1160 艘，另外还有不在册的渔船无法估计，笔者在硇洲走访时得知硇洲还有 400 多艘不在册的渔船，且绝大部分是小型渔船。

传统渔工由于没有属于自己的生产资料，所以只能出卖劳动力，集中在拖网和刺网作业的中小型渔船，这是因为拖网和刺网作业船只多、渔获量大，需要大量的传统渔工。2015 年湛江市海洋捕捞产量为 26.9 万吨，其中拖网和刺网捕捞量共约 22.5 万吨，占全年捕捞总量的 83.4%。在硇洲岛，笼捕作业的渔船一般需要雇用 5 位左右渔工，由于笼捕作业较危险，本地的传统渔工选择笼捕作业的不是很多，较多都是雇用来自外地的现代渔工。再有，在海安镇的白沙村和龙塘镇的赤坎绝大部分渔船为地拉网作业，一般雇用 3~4 名渔工，而总人口仅有 1842 人的白沙村就有 85 艘左右的地拉网作业渔船。

目前传统渔民雇工的生产方式有三种。第一种是口头约定上的同船东分成，也就是渔工不需要出任何生产工具，甚至连工作后勤涉及的所有支出全部由船东承包，渔工只需要出劳动力，渔船上的捕捞所得由船东和雇工分成。在湛江地区的分成计算方法各不相同，但又如出一辙。在海安镇白沙村管区，大部分为地拖网作业船只，每船雇用 4 位左右渔工，传统渔工的所得按照股份分成，包括渔船、网具等在内的生产资料 2.5 股，船上每位劳动力 1 股，最后除去油费，渔获除去生产资料和劳动力的股份之和，即为每位渔工所得。在江洪镇，双船拖网作业船只吸收渔工最多，每船约雇用 4~7 位渔工，渔获的 20% 由船上全部劳力分成，剩下的由船东购买出海物资。江洪的流刺网作业的小型船只吸收了少量的传统雇工，除去油费、网具等成本，全船渔获所得的 40% 为雇工所得。硇洲的刺网作业渔船，每一位渔工所得一般为全船渔获的 1/10。

第二种是直接"搭船"生产，在当地叫"搭网尾"，也就是渔工可以有自己的渔网渔具，自己渔具所捕捞的渔获为自己所得。当然这是有前提条件的。首先渔工每次下海的渔具有固定的限制，在硇洲岛各渔村行情都差不多，以当地最多的捕蟹渔船当例子，"搭网尾"时，老板有时下网 8 排或 12 排，渔工只能下网 4 排，一排 7 把网。此外，渔工也要出卖自己的劳力。渔工负责下网、绞网、收网，船东开船，有时船东不需要掌船时会帮忙。

第三种就是直接支付工资的办法，常见于各类的渔获收购船。但由于渔船每月出海的时间不固定，直接计算工资的办法不是很灵活，所以较少，一般月工资 3000 元。江洪的拖网也有计算工资的方法，当地渔工每月工资 4500 元，另外受政府打击的电网违法渔船的渔工每月工资 3600 元。

据湛江市海洋与渔业局资料，传统渔民总共 22.47 万人，其中，雷州 6.7 万人，坡头 5.8 万人，徐闻 2.9 万人，廉江 2.1 万人，开发区 1.9 万人，遂溪 1.6 万人，分别占全市传统渔民的 30%、26%、13%、9%、9%、8%。霞山区、赤坎区无传统渔民。传统渔工属于传统渔民的一部分，所以传统渔工的分布大致符合传统渔民的分布。但由于资料中的传统渔民不仅仅包括传统的海洋捕捞渔民，还包括养殖渔民，所以按照这个分布规律并不准确。

拖网和刺网是湛江渔船是最重要的作业方式，也是最能够吸收传统渔工的作业方式。拖网作业的船只一般为中型渔船，雇用传统渔工人数多，而刺网作业的船只多，吸收传统渔工人数自然也多。其次为钓业和张网，其中也包括地拖网、笼捕在内的能够吸收传统渔工的作业方式。由于传统渔工属于传统渔民的一部分，依附于渔船，所以结合湛江市各地区渔船数量分布图和传统渔民分布图，按照渔船作业方式统计，再根据传统渔工就近打工的原则，笔者大致可以描述出传统渔工的分布规律：雷州、遂溪、徐闻、开发区（仅指东海岛和硇洲岛）、麻章、坡头、吴川等地沿海地区，且所列地区从前到后传统渔工人数依次减少。

三 传统海洋渔民雇工群体形成的原因

新中国成立之前，由于生产工具的落后，渔民的捕捞工具也只是简单的帆船，加之捕捞辅助的设施简单、技术落后，渔民生存条件恶劣。新中国成立后，国家落实渔业政策，每个渔村基本都有渔船大队，帆船不再是唯一的出海工具，渐渐地机船取代了简单的帆船，出海也是成群结队，安全性提高了许多。

农业进行家庭联产承包责任制改革后，渔业也跟着"分单干"，渔船大队也就散了，渔船大队把作业渔船以银行贷款、渔民集资的方式，把渔船的经营权下放给渔民。由于个人的收入取决于个人的努力，渔民的积极性大大地提高，渔民的收入也提高了。渔民的经济实力慢慢和其他民众拉开了距离，成了先富起来的人群。受到经济的利诱，越来越多的人通过贷款或自筹拥有了自己的渔船，在 20 世纪 90 年代中期私营的渔船数量达到顶峰。但过后随之而来的便是渔业的消退期，因渔业效益相对较高，出现的造船（大量的非法无证渔船）热潮，导致了大量的非渔劳动力和工商资本进入渔业领域。加之渔业资源的减少，渔业股份合作制不断兼并、重组等，渔民群体不断分化，并呈现一种向两极扩散的趋势，即一部分渔民成为股东、船主、养殖企业主等，成为渔民中的"富人"，而占大多数的渔民成为个体渔船船主、长期或短期的雇工，甚至成为无业或失业者。

湛江的纬度较低、海岸线较长，受海陆季风影响显著，台风对其影响较大。据《2015 年广东海洋灾害公报》，台风"彩虹"直袭湛江致广东全省船毁 235 艘，船损 1636 艘，其中湛江尤为严重。而在 1996 年时，湛江市渔民遭遇了更大的灾难，给湛江带来 1954 年以来最惨重损失的 15 号台风"莎莉"于 9 月 9 日 11 时前后在广东省湛江市吴川市吴阳镇沿海地区登陆，据《1996 年中国海洋灾害公报》，在此次风灾中湛江市被冲毁江海堤135.3km，损坏船只 2286 艘、沉毁 1175 艘。此次台风使湛江渔民元气大伤，好不容易拥有的物业就这样毁于一旦了，有的渔民甚至自此成了渔工。

20 世纪 80 年代，我国海洋渔业资源由于过度捕捞而严重衰退，为了缓解渔业资源衰退，农业部相继出台了多项管理制度，加强对海洋捕捞业的准入管理，使具备优秀潜质的捕捞者进入捕捞体系，为海洋渔业的可持续发展提供有力的保障。

近海捕捞业设置的准入条件主要涉及"渔船""渔民"两个要素。在渔船管控方面，我国自 1987 年开始实施渔船"双控"制度，即通过控制捕捞渔船数量和控制捕捞渔船的功率数来控制捕捞强度，开启了对海洋捕捞渔船"双控"的序幕。到了 2003 年，农业部又进一步明确了渔船"双控"的指标，还要求各渔区依据上报记录减少持有指标，开展实施转产转业政策工作，要求禁止建造新的捕捞渔船、减少拥有临时捕捞许可证的渔船。2009年农业部又要求各地以 2008 年核定数据为基数对内陆渔船数量和功率数实行总量控制。另外，2000 年新修订的《渔业法》规定，只有同时具备渔业船舶登记证、渔业船舶检验证和捕捞许可证三证的渔船才能从事捕捞作业，不完全具备以上三证的"三证不齐"和完全不具备以上三证的"三无"渔船均为非法的捕捞渔船。在这些制度实施后，根据国家下达的指标，各地的渔船数量和功率数受到限制，地方政府把指标分给进行远洋作业的大型渔船以获得最大经济效益，所以并无指标分配给沿海作业小型渔船。

在渔民管控方面，《农业部关于印发〈农业行业实行就业准入的职业目录〉的通知》（农人发〔2000〕4号）明确规定，"渔业生产船员"实行就业准入，加之农业部还规定了职务船员的配备数量标准和应具备的证书，普通船员实行持证上岗，进入沿海捕捞渔业还是相当困难的，也就是说，政策压力下的渔民买船捕鱼似乎是有困难的，或许成为渔民雇工是不错的选择。但这并不是渔民雇工难以转入私营渔民行列的重要原因，值得提出的是，大多的传统渔民其他就业门路窄，为了生计很多有资金的渔民还是买了小型渔船从事沿岸捕捞。为了满足渔民的生活需要，对于这类小型船只，地方政府不得不进行管理发证和模糊管理，为此我们不能说它是不合法的。硇洲仍然有不在册的渔船达400多艘，其中小型生计渔船占了绝大部分。

渔民要想自己买船进行生产，需要考虑投入的成本。渔民的投入成本通常被看成是渔民对所购买的生产要素的货币支出。暂且不算隐性成本，要想拥有自己的一小艘渔船，渔民首先得要支付购买渔船的钱。按照现在的价格，一艘约15米长150匹马力的中型渔船装船装机总共要35万左右，一艘约8米长24匹马力的小型渔船造价也要7万，另外还要支付网具等一系列捕捞工具的购买费用。若是买了船后自己上船操作不是很熟练，渔民还需要雇工。一般没有一定积蓄的人是支付不起这些显性成本的。由于渔民需要投入在渔船网具等生产资料的资金数目巨大，甚至可能是多年的积蓄，更有渔民需要用以后几年的收入偿还购买渔船网具的负债。这些顾虑对想转化成私营船东的渔工产生明显影响。

海洋资源的衰退，渔业资源持续减少，掌握先进生产技术和捕捞工具的渔民拥有高产高收益，能获取更高利润。相反，技术差、工具落后的渔民成为渔业捕捞的落伍者，其生产效益低且无法更新渔具，进入生产效益低的循环圈，勉强维持捕捞生产，更有经营不善者背负沉重债务，只得弃船。捕捞渔业贫富两极分化明显，渔业股东、船主、养殖企业主等是渔民中的"富人"，大多数渔民成为个体渔船船主、长短期的雇工和失业渔民。这些渔民是一个庞大的文盲、半文盲群体，就业机会少，除了捕鱼以外别无其他技能，他们无论以渔业参与竞争，还是脱离渔业参与社会竞争，其竞争力都很弱。渔民雇工缺少科学技术和良好的技能，自身的发展受到限制，对自身的发展规划更是模糊不清，没有对自己的长远规划，自身发展能力有限，就业渠道单一，在市场的淘汰机制下，他们只能依靠海洋捕捞为生，不得不上船打工，成为渔工。

成为渔工是"失船"渔民和无储蓄渔民的"最满意"选择。Herbert Simon 认为，做出最优的选择之前，需要全面确定备选行为并事先估计考察每一抉择所可能导致的全部后果，再根据自己的价值体系对所有的选择进行优劣排序，最终选定其一的选择准则。但是，这样的最优化原则程序实在过于理想化，在现实生活中个人是不可能实现的。人们由于受到自身知识、经验、认知能力的限制，加上对未来变化的无法预知性，不可能找出所有可能的行动方案，也不可能事先估计各种选择方案实施所带来的结果。即使人们有寻找全部可能的方案并能预计各方案最终结果的能力，但计算所花费的时间会非常多、费用会相当昂贵，会使人们感到得不偿失。另外，各个方案实施的结果各不相同，可能是互相矛盾的，决策者难以以一个统一的价值准则对各个方案的优劣进行排序。所以，Herbert Simon 认为，人们在选择过程中寻找的并非是"最优"的标准，而是"最满意"的标准。①

在选择职业时，有的渔民雇工也曾经去过珠三角地区打工，但因为工资和感情归属的问题又回来打鱼。在社会关系上，渔村是一个较为封闭的熟人社会，无论在作业上还是生活旨趣上，他们的社会交往半径就止于渔村和海上。对渔民雇工来说，渔村是他们熟悉的社会，在其中生活能让他们产生一种亲密感、归属感。大城市的流动社会、陌生人社会的生活方式让他们难以适从。靠海吃海，从小生长在渔村，渔村的情感因素也占据了重要位置，自己也更能接受传统渔民的身份。更因为对于沿海捕捞渔业的熟悉，渔民雇工是他们满意的或者足够好的选择。

四　传统海洋渔民雇工群体的特点及其挣扎

随着我国经济水平的提高，海产品在全国人民的餐饮中的比例逐渐增大，这也造成渔获价格大幅上涨，所以尽管在渔业资源衰退的情况下，渔

---

① 周长城：《经济社会学》，中国人民大学出版社，2012，第 64～65 页。

民的收入还是有所提高的。现如今渔工需求量大，从劳动力市场供求规律来看，在全国性涨薪的大背景下，传统渔工工资增长幅度和速度亦有很明显的上涨。

传统渔工，同所有渔民一样，影响其收入的原因还有生产中的不确定性及使渔业生产脱离收益预期的偶然因素，如暴潮、赤潮、暴雨等恶劣天气，不仅会使渔获产量损失严重，还会破坏生产工具。在访谈中不少"搭船"生产的渔工都表示台风天气会造成渔网的破坏和失踪。此外，市场的不确定因素，如渔获价格的波动性也是渔工收入的影响因素。在产量一定的情况下，一般来说，重大节日是收入最高的。此外，季节也会对渔工收入造成很大的影响。夏秋季节出海的日子多一些，而冬春季节因为渔获少而出海少。比如，休渔期是笼捕、刺网捕蟹最盛行的时期，因为没有拖网船，渔具安全，基本全岛中小型渔船都会出海捕蟹，所以渔工收入随出海的日子增多而增多。

但是传统渔民雇工集中在沿海捕捞，收入结构单一，渔民收入来源渠道较窄。海上作业环境恶劣，渔民作息无规律，且工作时间长、工作强度大，所以渔工胃病、风湿病等职业病频发。比如硇洲沿海捕蟹渔工一般工作时间达 10 个小时，凌晨 3 点起床，一直在海上颠簸至下午 4 点左右，一般工作地点离海岸线 7 海里，而渔工一个月工作时间可以达到 25 天，这就预示着渔工休息时间是极少的。再如江洪镇的拖网作业船只，下午 5 点出发，在离岸几海里至 60 海里的海域工作直至到早晨 5 点才回港。除了休渔期和台风等恶劣天气，渔工一个月出海 23 天。到达下网海域前，渔工可以稍事休息，但一旦到达作业海域，工作就会一直持续。

默顿认为，人会受到剥夺感源于自身参照物的比较，当发觉自己处于劣势时，人的剥夺感会油然而生。参照物并不是绝对的或永恒的，而是一种相对的、变量的，参照物可以是其他人、其他群体，也可以是自己的过去。有时，即使自身状况相比于以前有大幅改善，但若赶不上其他参照物改善的程度，相对剥夺感也会产生。这种感觉会影响个人或群体的态度和行为，会造成压抑、自卑、集体的暴力行动等多种后果。[1] 在受访的渔工

---

① 罗桂芬：《社会改革中人们的"相对剥夺感"心理浅析》，《中国人民大学学报》1990 年第 4 期，第 84～85 页。

中，他们会把自己与身边的私营渔民相比，其自我定位是"低人一等的打工者""苦力""身份最低的人"。相对剥削感的存在造成了自我认同的低下，有些渔工甚至觉得自己"很丢人"。在受访者中，有渔工谈起自己去隔壁村搭船打工时被在海滩整理渔网的妇人取笑的经历，自言"真想找个地缝钻进去"。此外有一些人是从"有船的渔民"变成"无船的渔工"，由自主经营的"老板"变成了"打工苦力"，这不仅仅是职业层级的降低，还是自我认同的降低。传统渔工虽然不是外来打工者，而是有优势、有捕鱼经验的"本地人"，却仍然还没有属于自己的渔船，这其中涉及的耻辱感、尊严感、自豪感以及理想和现实之间的矛盾与冲突不言而喻。所以在相对剥削感作用下渔工对自己不满意、对生活不满意，却不得不继续从事自己的老本行，努力工作养家糊口。

如今从个人和家庭方面考虑，渔工的子代是否打鱼，更多是基于理性的选择。这里说的子代一般是指儿子，而不是女儿，这是因为渔业本身的高强度劳动不适合女子。老一辈和中生代渔工成为渔民，是在生存理性和经济理性的支配下做出的选择，传统渔业是拥有积累性、代际传递性的，他们继承父辈行业、从小追随父辈从事渔业活动，学习环境、时间受限，受教育机会很少、文化程度很低，这使得他们与捕鱼行业捆绑愈紧。由于传统渔工深知渔业捕捞工作的不定性和高危险系数，所以大多数传统渔工不希望自己的后代回到渔区继承自己这个辛苦的职业，即使是回来当私营渔民。虽然他们知识水平不高，但深知知识的力量和作用，大多数传统渔工都积极支持孩子们读书、学技术，希望子女能学有所成，从事其他职业。如果子代成绩不好，抑或不想读书，大部分传统渔工也不会让子代回来当渔民渔工，而是希望他们能在渔村外面从事非农工作，即使少赚一些钱也不要回来打鱼受累。当然，也有部分传统渔工觉得出海打鱼也是不错的选择，因为"买船出海也是有前途的"。究其原因，主要有两点：第一点是传统渔工看到私营渔民的收入可观，第二点就是他们希望子代能回来和自己买船出海打鱼，自己就不用寄人篱下了。

总体来看，对于传统渔工的子代来说，他们面临的职业选择面更宽。快速推进的城市化为年轻人提供了更多的就业机会，市场经济发展导致了价值观念的转变，年轻人在职业选择上更加重视个人主观感受和个人利益。正因如此，现在从事海洋捕捞的青年渔工很大部分都是外来劳工，继承父业的青年渔工已经不多了。

社会互动着眼于生活中相互交往的外显行为——代价和报酬，其实质是交换酬赏和惩罚的过程，交换行为存在于包括友谊、爱情在内的多种社会关系中。因为海上作业条件的苦涩，雇工与船东在互动中的情感交流占有重要地位。在工作中，船东是渔工最主要的互动主体，船东与渔工不仅仅是经济意义上的主雇关系，也是工作上的伙伴关系。所以从雇主和伙伴关系上讲，船东对渔工所能提供的社会支持程度还是较高的。但由于船东和渔工经济上的联系比感情上的联系更主要，也为了以后雇佣关系破裂时不受到人情关系的束缚，所以一般在渔工需要支持时，即借钱、提供生病照顾、情感安慰等时，渔工更倾向于找亲戚和邻居帮忙。

因为历史遗留的问题和现实的选择，虽然传统海洋渔民雇工的收入不高、工作环境恶劣、职业归属感和自我认同感低、社会参与程度不足，但仍然有许多渔民不愿或者说不能放弃这一职业，加之自身发展力有限、社会支持网络不健全和渔区的社会保障覆盖面不宽等都造成了传统渔工逐渐边缘化，成为渔民弱势群体。所以加快传统渔工转产转业、提供多元社会支持系统、为传统渔工的持续发展寻找路径势在必行，然而现阶段转产转业工作困难重重。

王雪等人通过模糊评价综合法对湛江渔民转产转业政策绩效进行了综合评价，综合各准则层的分值和相对指标权重，渔民转产转业政策绩效评估得分较低，整个政策执行"部分成功"。从评估结果来看，湛江渔民的"双转"工程取得一定的成果，但离既定的目标还有一段距离，究其原因，主要是"双转"工程的扶持资金力度不足、结构不尽合理、渔业保险不全、社会保障程度低以及宣传力度不够，这导致渔民转产转业信心不足，渔民贫困问题依旧严重。[①]

目前在转产转业的扶持中，政府在进行政策支持时并没有区分渔民与渔工概念，而是无差别管理。以上分析中我们不难看出，渔工多方向就业的解决是促进渔民转产转业的重要影响因素之一，针对他们建立支持性和引导性政策势在必行。政府要引导技能培训与社会保障协同运作，公共服

---

① 王雪、罗鹏、张莉：《湛江渔民转产转业政策实施的绩效评估》，《当代经济》2011 年第 5 期，第 121～123 页。

务供给主体多元化，构建政府与社会的合作关系，充分发挥渔业协会、渔民合作社等渔业组织的作用，改进转产转业渔工的社会网络支持效果，并探索渔业社区针对渔工的技术及社会支持服务体系的构建。

中国海洋社会学研究

2020 年卷 总第 8 期

第 43~52 页

© SSAP, 2020

海洋捕捞渔民转产转业的社会支持研究[*]

——以茂名博贺港区域的调查为例

刘 勤 陈嘉棋^{**}

摘 要：中国政府提出并推进海洋捕捞渔民转产转业已有 18 年。资源配置、管理激励等角度未能有效推动海洋捕捞渔民的"双转"。在社会支持视角下，基于茂名博贺港区域的调查发现，正式支持、准正式支持、非正式支持对推动海洋捕捞渔民"双转"具有促进作用，专业性社会支持的作用不显著。因而推动海洋捕捞渔民的"双转"需要有针对性地提升相关类别的社会支持水平。

关键词：海洋捕捞渔民 转产转业 社会支持

一 研究缘起

海洋捕捞是中国临海地区渔民世代相传的生计方式，也是当前渔区亟

* 本文是广东海洋大学创新强校项目"广东沿海经济带海洋灾害应对的社会参与机制及其政策建议研究"、广东省哲学社会科学规划项目（项目编号：GD17CSH01）的阶段性成果。广东海洋大学的郑芝霞、吕晓晴、毕皓艳、李海敏、何振毅等同学参与了调查，在此一并致谢。

** 刘勤，广东海洋大学广东沿海经济带发展研究院海洋文化与社会治理研究所所长，法政学院社会学系主任，教授，硕士生导师，主要研究方向为乡村治理、海洋社会学等；陈嘉棋，深圳大学社会学系硕士研究生，主要研究社会工作理论等。

待研究和解决的现实问题之一。捕捞工具换代、技术升级以及从业人员众多等现状导致强大的捕捞能力和有限的渔业资源之间的矛盾越来越突出。此外，由于近海近岸污染以及中日、中韩、中越渔业协定等，海洋捕捞渔民的生计持续受到影响。鉴于此，中国政府自 2002 年底实施渔民转产转业政策（简称"双转"），其直接影响了百余万捕捞渔民的生计。

"双转"政策推行至今已有 10 余年。政策实施初期（2003~2007 年），沿海捕捞渔民总人数略微下降，从 2002 年底的 1148298 人减少到 2007 年的 1074398 人，5 年时间仅减少了 73900 人；政策实施中期（2008~2013 年），到 2013 年底，沿海捕捞渔民人数不降反升，增长到 1089526 人；此后直到 2017 年底，沿海捕捞渔民人数首次降到 100 万人以下，为 990325 人。[1]"双转"政策实施的 16 年间，年均只转移了 10500 人。

政策实施至今，虽有一定成效，但总体进展缓慢。这就需要反思，为何"双转"政策推进下，海洋捕捞渔民却转而不动。在资源配置的经济理路和政策激励的管理理路之外，还需关注海洋捕捞渔民身份转换、社会融入等多方面需求。

二 研究梳理

海洋捕捞渔民转产转业的研究以经济学和管理学为主，主要围绕进展、困境与应对等积累了一定的成果。研究者认为海洋渔业资源具有一定的公共资源属性。在哈丁公地悲剧理论的基础上，研究者认为，作为"经济人"的海洋捕捞渔民必然会趋向于选择财产私人占有，引发海洋渔业资源的公地灾难。[2]渔场自由准入状态导致大量非渔劳动力低门槛地进入海洋捕捞行业，并且和原有的海洋捕捞渔民形成合力，从而导致海洋捕捞能力提升过快。理性渔民会投入更多的时间和资本进行海上作业，以获得更多的渔获量。[3]

① 农业农村部渔业渔政管理局等：《2018 中国渔业统计年鉴》，中国农村出版社，2019，第 82 页。
② 宋希和等：《对失海渔民增收问题的几点思考》，《水产科技情报》2010 年第 1 期，第 40~43 页。
③ Gordon, S. "The Economic Theory of a Common Property Resource: The Fishery." *Journal of Political Economy*, 1954, p. 124-142.

研究发现，海洋捕捞渔民转产转业存在经济基础薄弱、资金压力大、社会养老保障缺失以及渔船报废补贴不足等现实问题。而进展缓慢源于渔民就业结构单一、过于依赖捕捞收入、存量资产和沉淀资本较高以及"双转"风险较高。他们对转入行业的认知、转入能力和机会均不足，因而转入难度较大，制约了"双转"进程。[①]

推进海洋捕捞渔民"双转"的具体建议包括：完善渔业社区的社会保障制度，积极落实最低生活保障制度；[②] 加强扶持力度，相关行业和部门应伸出援手，适当降低转入行业的准入门槛；[③] 提高海洋捕捞渔民的政策认知，使其理解和使用政策。[④] 此外政策部门认为，要合理有效地配置资源，只要给予一定的资源就能引导海洋捕捞渔民转向其他行业。

通过对文献简要梳理发现，海洋捕捞渔民的"双转"研究偶有社会学的成果。如郑庆杰对海洋捕捞渔民社会支持体系做了田野调查，发现这一群体的生活状况呈多面性特征，且社会支持系统丰富。[⑤] 然而截止到目前，探究海洋捕捞渔民"双转"的社会支持研究较为缺乏。因此，本研究以茂名博贺港地区为调查地点，从海洋捕捞渔民的社会支持入手，探讨其对海洋捕捞渔民转产转业的影响，从而更好地服务社群，改善他们的生存处境。

三 研究设计和调查实施

(一) 概念操作设计

社会支持是指行动者在遭遇困境、感受压力、应对不确定性或面临风险时，通过自己所处的社会网络获得工具性或情感性的帮助和支援的现象。

---

① 佘显炜等：《舟山市渔民转产转业的做法和建议》，《中国水产》2003 年第 2 期，第 25 ~ 27 页。

② 程亚峰：《"三渔问题"成因及对策分析》，《农村经济和科技》2012 年第 12 期，第 37 ~ 38 页。

③ 杨黎明：《绍兴海洋捕捞渔民转产转业调查与研究》，《中国渔业经济》2005 年第 4 期，第 44 ~ 46 页。

④ 毛昕：《失海渔民社会保障政策分析——以青岛市黄岛区为例》，硕士学位论文，中国海洋大学，2013 年。

⑤ 郑庆杰：《失海渔民多元社会支持系统分析——以山东渤海沿岸四渔村为例》，《中国渔业经济》2011 年第 1 期，第 117 ~ 123 页。

日常和仪式生活的互动，构建了海洋捕捞渔民的社会网络。而多层次的社会需求，也就有了社会支持供给主体的多元。亲友、同事、社区、社工、市场、政府等主体，通过不同方式与其互动，以满足其物质、政策、信息、情感等需要。

围绕社会支持的供给内容，本研究将海洋捕捞渔民的社会支持分为四类，分别为：社会关系网络提供的人情、资源、信息等非正式支持，社区组织提供的社区服务等准正式支持，社工机构、慈善组织等第三部门提供的专业型支持以及基层政府组织提供的政策、资源等正式支持。

（二）相关变量设计

研究主体的因变量为海洋捕捞渔民进行转产转业的意愿，分为是与否，并运用 logistics 回归模型来检验提供社会支持的不同主体对海洋捕捞渔民转产转业意愿的影响情况。

自变量从非正式支持、准正式支持、专业型支持和正式支持四个维度进行测量，并将四个维度的指标操作化为具体变量。

非正式支持是海洋捕捞渔民通过自身社会网络获得的各种资源支持，例如信息、资金、情感以及友谊等。本研究将根据"从在家庭成员中得到的支持和帮助""可以给予帮助的朋友数""最近一周的相处对象""与邻居、同行和上司的关系""获得经济支持和安慰关心的来源""常采用的倾诉和求助方式"等题项来测量海洋捕捞渔民的非正式支持情况。

准正式支持是社区组织提供的服务、慰问、帮助等支持，对改善弱势群体的不利地位具有重要意义。本研究根据海洋捕捞渔民所在社区的相关情况来测量其获得准正式支持的情况。

专业型支持是社工机构、慈善组织、公益组织等第三部门提供的支持。本研究通过考察社工机构是否存在，海洋捕捞渔民是否接受过社工机构的帮助、是否得到过相关公益组织的生产支持以及是否加入过相关渔民专业合作组织等来测量海洋捕捞渔民获得专业型支持的情况。

正式支持主要是来自基层政府和相关职能部门所提供的政策、资源等支持，本研究选取了接受渔业生产的保障或补贴、日常生活服务的保障和补贴、吸引"双转"的政策这三个指标来辨识正式支持情况。

在控制变量上，本研究选取年龄、受教育程度和月均收入共三方面的个人特征变量作为控制变量，进一步探讨社会支持主体差异与海洋捕捞渔民转产转业的关系。

表1 控制变量的设计与编码

类别	定义
年龄	1＝30岁及以下；2＝31～40岁；3＝41～50岁；4＝51～60岁；5＝61～70岁；6＝70岁以上
受教育程度	1＝小学及以下；2＝初中；3＝高中、中专、技校；4＝大专及以上
月均收入	1＝2000元及以下；2＝2001～3000元；3＝3001～4000；4＝4001～5000元；5＝5001～6000元；6＝6000元以上

（三）调查数据的收集

本研究以茂名博贺港地区为调研地点，对该地海洋捕捞渔民群体派发问卷。问卷共发放351份，回收342份，有效回收率为97.4%，样本基本情况如表2所示。

表2 海洋捕捞渔民样本的基本情况

单位：人，%

变量	年龄						月均收入						受教育程度			
选项	30岁及以下	31～40岁	41～50岁	51～60岁	61～70岁	70岁以上	2000元及以下	2001～3000元	3001～4000元	4001～5000元	5001～6000元	6000元以上	小学及以下	初中	高中、中专、技校	大专及以上
频数	12	51	97	72	74	36	41	37	94	113	27	30	197	125	17	3
百分比	3.5	14.9	28.4	21.1	21.6	10.5	12.0	10.8	27.5	33.0	7.9	8.8	57.6	36.5	5.0	0.9

四 海洋捕捞渔民转产转业的现状分析

（一）海洋捕捞渔民转产转业的意向

调查数据显示，40.4%的海洋捕捞渔民愿意放弃出海捕捞转向其他行业就业，仍有59.6%的海洋捕捞渔民愿意继续留在捕捞行业就业。海洋捕捞渔民不愿意进行转产转业的比例仍占多数，但对改变原有生产方式的抗拒程度有所下降。

表 3 海洋捕捞渔民"双转"意向

单位：人，%

"双转"意向	频数	百分比	有效百分比	累计百分比
是	138	40.4	40.4	40.4
否	204	59.6	59.6	100
合计	342	100.0	100.0	

（二）海洋捕捞渔民转产转业的年龄差异

不同年龄段的渔民对"双转"存在差异。年龄越大，海洋捕捞渔民愿意"双转"的越少。劳动力老龄阶段和老年海洋捕捞渔民仍坚守传统的捕捞作业方式。而 30 ~ 50 岁的中青年海洋捕捞渔民愿意放弃传统捕捞行业而选择其他行业。转产转业存在明显的年龄差异。

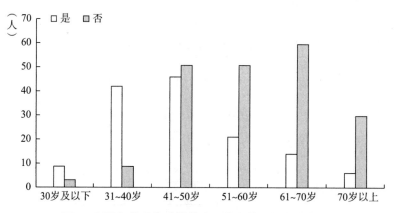

图 1 不同年龄段海洋捕捞渔民转产转业的意愿情况

（三）海洋捕捞渔民转产转业的受教育程度差异

受教育程度不同的海洋捕捞渔民面对"双转"存在显著差异（$X = -0.312$，$P < 0.05$）。在"双转"意愿情况中，选择"是"的，初中受教育程度的海洋捕捞渔民所占比例较高；而选择"否"的，受教育程度较低，小学及以下受教育程度的海洋捕捞渔民占比为 72.1%。

表 4　不同受教育程度的海洋捕捞渔民转产转业差异比较

单位：人，%

意愿情况		受教育程度				总计
		小学及以下	初中	高中、中专、技校	大专及以上	
是	频数	50	76	11	1	138
	占参与意愿的百分比	36.2	55.1	8.0	0.7	100.0
否	频数	147	49	6	2	204
	占参与意愿的百分比	72.1	24.0	2.9	1.0	100.0
频数		197	125	17	3	342
占总计的百分比		57.6	36.5	5.0	0.9	100.0

茂名博贺港地区的海洋捕捞渔民受教育程度大多为小学及以下，并且受教育程度越低，其转产转业的意愿越低。较低的受教育程度以及缺少从事其他行业的必要技能和规范训练，限制了海洋捕捞渔民转向其他行业。

（四）海洋捕捞渔民转产转业的收入差异

月均收入处于不同收入层的海洋捕捞渔民对待转产转业存在显著差异，两者在 0.01 的置信水平上存在显著负相关（$X = -0.137$，$P < 0.05$）。月均收入越高的海洋捕捞渔民，越不愿意转产转业。

博贺港地区的海洋捕捞渔民多数与船老板建立了雇佣关系。海洋捕捞渔民收入多为固定的年薪制，因而不受渔获量多寡的影响，且维持在4万~5万的稳定水平，并购有相关保险。此外，处于中等水平的海洋捕捞渔民更加倾向于维持现有生计状况，因此也不愿意转产转业。

五　社会支持对海洋捕捞渔民转产转业的影响

对海洋捕捞渔民的个人背景有了总体认知，研究者使用调查数据检验非正式支持、准正式支持、专业型支持以及正式支持对其转产转业的影响，结果如表 5 所示。

表 5　社会支持和海洋捕捞渔民转产转业的 logistics 回归分析

		显著性	发生比率 Exp（B）	−2 对数似然	内戈尔科 R 方
控制变量	年龄	0.000	0.509	386.046	0.267
	受教育程度	0.005	1.779		
	月均收入	0.697	0.963		
自变量	非正式支持	0.030	1.603	454.888	0.025
	准正式支持	0.002	1.117	451.671	0.037
	专业型支持	0.270	0.985	386.268	0.006
	正式支持	0.000	1.656	442.863	0.071

注：因变量为意愿情况，0 = 否、1 = 是。

（一）非正式支持对海洋捕捞渔民转产转业的影响

大部分海洋捕捞渔民与周边邻居、同行以及船老板相处都很融洽。遭遇困难或危机时，他们能获得家庭成员和朋友的全力支持及帮助。

在其他因素不变的条件下，非正式支持对海洋捕捞渔民转产转业存在显著性影响（$P \leqslant 0.05$），非正式支持每提高一个等级，对其转产转业的影响就会增加 60.3%。家庭成员、同行、朋友等提供的非正式支持，对海洋捕捞渔民转产转业有显著的促进作用。作为"社会人"的海洋捕捞渔民，通过亲密群体的人情、资金、情感等互动，从而获得归属感、自我认同和对转产转业后的新身份的适应。

然而在非正式支持强大的情况下，当地海洋捕捞渔民转产转业却进展缓慢。调查发现，当地海洋捕捞渔民多为家庭作业，缺乏集团公司的经营模式。海洋捕捞渔民家庭世代为渔，由此导致非正式支持高度同质。而同质状态就限制了非正式支持对其转产转业的功能发挥。

（二）准正式支持对海洋捕捞渔民转产转业的影响

在其他因素不变的条件下，准正式支持对海洋捕捞渔民转产转业存在显著性影响（$P \leqslant 0.05$）。这说明海洋捕捞渔民所在的社区对其"双转"能够发挥作用。准正式支持的支持力度每提升一个等级，海洋捕捞渔民进行转产转业的意愿就会增加 11.7%。

准正式支持是和社区服务、社区治理、社区工作等联系在一起的。社区组织熟悉海洋捕捞渔民的服务需求，起到了沟通政府和海洋捕捞渔民的桥梁作用。如海洋捕捞渔民所需的基本公共物品、政府传递的相关信息等，都需要社区组织及时的上传下达。

（三）专业型支持对海洋捕捞渔民转产转业的影响

在其他因素不变的条件下，专业型支持的社会主体对海洋捕捞渔民转产转业意愿不存在显著性影响（$P = 0.270 \geq 0.05$），不能纳入统计分析。

调查发现，博贺港地区第三部门稀缺，未见到社工机构。渔业协会、船东互保协会是旨在保障和防护特定人群、特定风险的非营利性组织，不对普通海洋捕捞渔民开放，一般只有船老板或者具有相关资历的人员才能申请加入。相关专业型组织的支持功能不明显。

（四）正式支持对海洋捕捞渔民转产转业的影响

在其他因素不变的条件下，正式支持对海洋捕捞渔民转产转业有非常显著的影响（$P \leq 0.05$），这表明作为正式支持的主体——地方政府，其所出台的相关政策法规对海洋捕捞渔民转产转业存在一定作用。正式支持每提升一个等级，海洋捕捞渔民考虑参与或进行转产转业的意愿将会增加65.6%。

博贺港地区的地方政府职能部门对海洋捕捞渔民转产转业有过一定的支持。如为从事渔业生产20年以上且65岁以上的海洋捕捞渔民每月发放120元"老人钱"，70岁及以上的发放130元，80岁及以上的增加至150元。这些支持对改善海洋捕捞渔民的生存处境虽起到了一定的帮助，但仍不足以支撑他们的日常生活开支。此外一些65岁以上的老年海洋捕捞渔民由于无法受雇，生活来源日渐减少，缺少生存保障的他们还得坚持出海捕捞。在激励不足、替换不稳的情况下，转产转业之路任重道远。

六 结语

进一步推进海洋捕捞渔民转产转业，需要给予这一群体更有力的社会支持。非正式支持可侧重于提供海洋捕捞渔民的"双转"意愿激励和必要的物质支持。准正式支持可侧重于建立有效的信息传递方式，营造良好社区氛围，保障顺畅的沟通渠道。正式支持可侧重于细化和宣传"双转"支持政策，增加技能培训机会，供给基本公共服务，提供替代性的生计方式。总而言之，社会支持的供给需从渔民的立场和利益出发，切实瞄准他们的"双转"困境，对症下药。这样才能真正为其解决后顾之忧，才能使他们顺利地转产转业。

中国海洋社会学研究

2020 年卷　总第 8 期

第 53 ~ 64 页

© SSAP，2020

乡村振兴战略下渔村人口流动的"动态稳定"问题研究

——基于对桑岛村的案例调查

秦　杰[*]

摘　要： 通过对烟台市桑岛村进行实地调研和案例分析发现，"异地双房"是桑岛村一个极具普遍性的现象，与之对应的是桑岛村的人口流动呈现"动态稳定"的趋势，具体表现为桑岛村渔民"候鸟式"往返迁徙、"互化式"双向流动、"被动性"城市融入的特征。在乡村振兴战略的政策环境下，"动态性"是渔民对于特殊渔业规律的自觉调适；"稳定性"是渔民对于初具现代化特性的渔村的主动选择。桑岛村的现代化转型路径包括以下两个阶段：第一个阶段形成以"产业振兴促进人才振兴，以人才振兴促进产业振兴"的良性循环，第二个阶段以产业振兴和人才振兴促进渔村社会的全面振兴。桑岛村作为乡村振兴的一个典型案例，其现代化转型路径具有独特的社会学意义。

关键词： 乡村振兴　人口流动　动态稳定　现代化转型路径

当前，中国特色社会主义进入新时代，而我国社会矛盾在乡村最为突出。我国最大的不平衡是城乡之间和农村内部发展的不平衡，最大的不充

---

[*]　秦杰，中国海洋大学国际事务与公共管理学院社会学专业 2018 级硕士研究生，研究方向为海洋社会学。

分是"三农"发展的不充分，[1] 因此以农村现代化为发展目标的乡村振兴战略是缓解当前社会矛盾的关键。实现农村现代化的一个最关键的指标是"能留得住人"，"人"是强农兴农富民的根本，是建设现代化农村的基础，是实施乡村振兴战略的前提。[2] 但是受经济因素等推拉力的影响，乡村普遍存在人力资本流失的问题，大量农村人口涌入城市，造成农村人才断层，不利于农业农村振兴发展的持续性推进。而位于东部沿海地区的海洋渔村，相较于内陆以农耕为主的农村而言经济较为发达，尤其是实施乡村振兴战略以来，依托丰富的海产资源和优美的海岛风光，渔村的经济发展迈上了新的台阶，因此渔民受城市的"拉力"比农民要小，渔村人力资本的流失现象与农村相比也不明显。那么是否存在这样的渔村，在具备经济基础的同时，也具备人才基础和产业基础，从而能够更快达到乡村振兴战略总目标、加速实现渔村现代化呢？为了验证这个假设，我们对烟台市桑岛村进行了实地调研，发现在新的政策环境和经济环境下，桑岛村渔民"异地双房"现象较为普遍，人口流动呈现"动态稳定"的特征，主要原因是桑岛村的现代化程度相对较高，因此桑岛村渔民受到城市的"拉力"较小。在此基础上我们进一步对桑岛村振兴的发展路径进行研究，旨在为乡村振兴和渔村现代化建设提供经验借鉴。

一 案例呈现：桑岛村渔民"异地双房"，人口流动"动态稳定"

桑岛村位于莱州湾东侧、龙口市东北约 16 公里的渤海中，是烟台龙口市唯一一个有人居住的离岸岛屿，海拔 9.2 米，海岸线长 8.5 公里，面积 2 平方公里。全岛现居住人口为 1892 人，共 652 户，有大小机动船 400 余艘。全村年经济收入可达 3000 万元，人均收入 15789.4 元（2018 年）[3]。桑岛村

---

[1] 洪银兴、刘伟、高培勇等：《"习近平新时代中国特色社会主义经济思想"笔谈》，《中国社会科学》2018 年第 9 期。

[2] 贺立龙：《乡村振兴的学术脉络与时代逻辑：一个经济学视角》，《四川大学学报》（哲学社会科学版）2019 年第 5 期。

[3] 贺立龙：《乡村振兴的学术脉络与时代逻辑：一个经济学视角》，《四川大学学报》（哲学社会科学版）2019 年第 5 期。

海洋资源丰富，渔业发展有得天独厚的优势，渔民世代以捕鱼赶海为业，家家都有渔船，渔业收入是该岛渔民的经济支柱。近几年在乡村振兴战略的背景下，渔民开始发展海洋养殖业和海岛旅游业，桑岛村正在逐渐成为一个具有现代化特性的海岛。

近几年渔民"异地双房"现象是桑岛村一个极具普遍性的现象，即渔民在村里和城市均拥有房产，桑岛村一套房、黄县一套房，过着"两地迁徙"的生活。与同样"两地迁徙"的农民工的"进城务工、回村农耕"模式所不同的是，在休渔期和旅游淡季，他们往往会短期定居在城区的房子里过着"类市民化"的生活，但并不工作；在打渔期以及旅游旺季，他们会长期住在村里的房子里，从事渔业和旅游业，而且渔民的"流出"意愿并不强烈，在他们心里岛上的房子才是他们真正的"家"。因此尽管桑岛村的人口流动较大，但真正"流出"的人并不多，甚至有人口"流入"现象，因此桑岛村人口总量基本保持稳定。

（一）"候鸟式"往返迁徙

所谓"候鸟式"往返迁徙是指桑岛村渔民在时间上呈现季节性、在空间上表现为在村里和县城两地来回流动并短期定居的规律性流动现象。调查估计大约有60%的渔民在县城买房，尤其年轻人买房居多，租房子的也有，但村里的房子还是会保留，渔民在打渔期和旅游旺季会回来居住。县城里的房子则是只有冬天才会有人过去居住，除此之外的大半年都是空着，因为冬天岛上天气寒冷、不能打鱼，渔民为了御寒会在冬天去县城里的房子居住，尤其是村里的中年人、青年人，都会出岛在县城的房子里过冬，冬天村里就只剩一些老人以及一些因为孩子在村里上学脱不开身的父母。

除了上述所说的"两地迁徙"的渔民，也存在很少一部分彻底、完全走出桑岛村的人，也就是离开桑岛村长期在外地工作并定居的人，主要是受教育程度较高的年轻人。关于留下还是离开小岛这个问题，教育和学历在其中起到了决定性的作用，受教育程度是一个分水岭。读大学的年轻人，在外面读书学习，然后在外面工作、定居，但这是极少部分。大部分年轻人是初中或高中辍学然后留在村里打鱼，"但凡考上大学的没有人愿意回来打鱼受这份累，但如果是外出打工每月三四千块钱的工资的话就不如回来打鱼了，因为在岛上多少干点就比在外面给别人打工挣得多"①，因此对于岛上的渔民来说没有外出打工的概念，目前来看大多数年轻人仍然继续留在村子里打鱼。

（二）"被动型"城市融入

在渔民心里，他们还是把桑岛村认定为真正的"家"，"即使在那边买了房子，也只是为了孩子上学和冬天御寒，在我们心里岛上的房子才是我们的家"②，由此可见桑岛村的渔民"落叶归根""安土重迁"的传统思想非常强烈，因此他们对于城市融入的态度较为被动和消极。除此之外，渔民不主动融入城市的另一个原因是他们习惯了在岛上自由自在、没有压力的生活，不适应压力大、节奏快的城市生活。问及他们日后的养老问题，有渔民有出岛养老的打算，但并不愿意，"岛上安静，空气好环境好，人际关系也好，全村 600 多户都互相认识，城里人情关系淡漠"③。因此在他们看来小岛上更适合养老，只是现在医疗等公共服务条件比城市要差一点。

既然如此，为什么大多数渔民还是选择在外面买房呢？这主要有两个原因。第一，村里的大多数孩子在外面上学，虽然岛上有一所小学，但据了解其师资力量和教学水平较市区要差一些，因此随着渔民对教育的重视程度越来越高，最近几年出岛到市区上学的孩子越来越多。在市区上学的孩子每到周末和假期会坐船回岛，但是由于桑岛村地理位置和交通工具的特殊性，如果遇到大风大浪的天气，则无法上岛，这时父母会提前一两天过去和孩子在外同住，住酒店或住亲戚家不方便，很多父母索性就在市区买房或者租房，虽然只有在冬季或周末偶尔过去住。第二，桑岛村有"结婚就分家"的传统，但是据村委会工作人员介绍现在农村不再批宅基地了，也就是说，村里大多数二十四五岁的年轻人一旦结婚就会搬出自己的原生家庭，因此只能在外买房。

（三）"互化式"双向流动

桑岛村在人口流出的同时，也伴随着部分外来人口的涌入，外来人口

---

① 访谈对象：李某，女，45 岁，桑岛村人，渔民；访谈时间：2019 年 6 月 5 日。
② 访谈对象：王某，女，28 岁，桑岛村人，观光车司机；访谈时间：2019 年 6 月 4 日。
③ 访谈对象：王某，男，40 岁左右，桑岛村人，商店老板；访谈时间：2019 年 6 月 6 日。

主要来自菏泽、临沂等省内的农村地区，也有来自安徽、河南、东北等地的，主要还是省内内陆农村地区的偏多。尤其是从 2016 年、2017 年开始，桑岛村外地人开始变多，这主要是因为桑岛村的产业发展使得该村对劳动力的需求大幅增加。

首先是捕捞业对劳动力的需求增加，桑岛村在 2016 增添了将近 100 多条渔船，每年打渔期，外来雇工就会大量涌入小岛。他们愿意来到岛上打鱼的主要原因是工资高，"老手"每月一万二左右，"新手"八九千，大船的船长能达到两万块，比进城务工的农民工工资高很多。除了捕捞业需要劳动力，方兴未艾的旅游业不仅为桑岛村渔民提供了一条高效益的增收途径，而且也增加了桑岛村对外来人力资源的需求。桑岛村从 2017 年开始投入了大量的资金和人力，旅游业的发展带动了面食店、超市、酒店、渔家乐等行业的兴起，这进一步为渔民和外来人口提供了更多的工作机会。养殖业也增加了对劳动力的需求。小岛上没有工业污染，火山岩地貌作为桑岛村原始的独特地貌含有大量微量矿物元素，海水盐度好、温度合适，为海水养殖创造了良好的优势条件。村里主要养殖海参和多宝鱼，养殖户会雇人来做一些比如卸鱼食、"挖点"等工作量较大的工作。外来人口除了到岛上来打工，也有部分带资上岛的人，尤其是 2017 年旅游业发展起来之后，岛外的人觉得桑岛村的旅游、休闲、餐饮、服务等行业有商机、有市场，所以来到岛上开了渔家乐、餐厅、酒店等。

二 案例分析：渔业规律促成人口"动态性"，乡村振兴促进人口"稳定性"

人口流动的"动态稳定"可以分成"动态性"和"稳定性"两个方面来分析。特殊的渔业规律直接导致了渔村人口的"动态性"，"动态性"是渔民对于渔业时间、渔业技术和渔业经济的自觉调适；乡村振兴战略间接促进了渔村人口的"稳定性"，"稳定性"是渔民对于初步具备现代化特性的渔村的主动选择。

（一）特殊的渔业规律是人口流动"动态性"的直接原因

特殊的渔业规律是形成桑岛村渔民"异地双房"以及人口流动"动态

性"的直接原因。渔业规律的特殊性主要表现在渔业时间、渔业经济和渔业技术三个方面，捕渔期与休渔期交替直接导致了渔民的"候鸟式"往返迁徙；高风险与高收益并存直接导致了渔民的"互化式"双向流动；专业性与局限性关联直接导致了渔民的"被动性"城市融入。

1. 渔业时间的特殊性：捕渔期和休渔期交替

渔业生产在时间上具有特殊性，捕渔期与休渔期交替直接导致了渔民的"候鸟式"往返迁徙。在乡村振兴和海洋生态文明建设的战略部署下，2017 年全国实行统一休渔，不仅延长了休渔时间、扩大了休渔范围，而且执法力度也空前严格，因此渔民的捕捞时间和范围受到严格管控。桑岛村位于渤海湾海域，制度规定每年 5 月 1 日封海、9 月 1 日开渔、11 月 20 日停海。在 9 月到 11 月的开渔期间，渔民会定居在岛上，出海捕捞海产品并售卖。除此之外，随着桑岛村旅游业的兴起，在休渔期的旅游旺季，部分渔民也会留在岛上经营观光车、渔家乐、酒店等休闲旅游服务行业。到了冬天，岛上天气寒冷、没有游客，不能打鱼，渔业和旅游业都只能暂停，渔民为了御寒便会去县城里的房子短期居住。

2. 渔业经济的特殊性：高风险与高收益并存

渔业生产在经济上具有特殊性，高风险与高收益并存直接导致了渔民的"互化式"双向流动。中国渔业互保协会历年统计资料显示，出海船员的年死亡率高达 0.14%，渔船的出险率也高达 18%，高于我国其他高危行业的出险率。无论是优越或是恶劣的气候环境，渔民只能被动接受、适应及预防而无法主动改变，因此有少部分渔民选择上岸。但高风险伴随着相对较高的收益，渔民出海的收入水平普遍比农民要高，一个普通渔民家庭通过捕捞获得的年收入能达到 10 万元，桑岛村的大船一年收入十万到几十万元不等，那些家里有两条及以上大船的渔民年收入能达到 100 万元。因此，即使国家积极推进渔民转产转业等政策，推动渔民上岸转产，但桑岛村渔民上岸的意愿较低，他们更倾向于聘请大量外来务工人员来扩大捕捞或养殖规模，进而获取收益。

3. 渔业技术的特殊性：专业性与局限性关联

渔业生产在技术上具有特殊性，专业性与局限性关联直接导致了渔民的"被动性"城市融入。桑岛村作为一个"靠海吃海"的传统海岛，渔民世代以捕鱼赶海为业，渔民在长期生产中积累了丰富的技术和经验，这种渔业技能的专一性与专业性或许成为渔民继续留在渔村的一种主动性的选择。渔民的渔业技能的专业性也意味着渔民从事除渔业之外的其他工作的局限性,由于渔民的技能总体偏向单一化,他们基本只擅长传统的捕捞业,除此之外并无其他特长,而且大多数渔民的受教育程度较低,年龄较大者的学习兴趣与学习能力也不高,对于新事物与新技能的接受度也较低,在其他行业里缺少必要的工作能力,所以渔民如果上岸进城后离开他们最熟悉的渔业生产而到其他行业,其社会竞争力也会非常小,因此这种"被动性"的技能局限也是渔民选择继续留在渔村的另一大原因。

(二)初显的现代化特征是人口流动"稳定性"的内生机理

中央提出乡村振兴战略之后,龙口市徐福街道党工委、四农社区党委紧抓发展机遇,全面整合乡村的各项物质资源和人力资源,指导桑岛村确立"党建+旅游"的乡村振兴发展思路,以产业振兴和组织振兴促进人才振兴,进而推动生态振兴和文化振兴。目前,桑岛村村委会正在对桑岛村进行综合治理,积极发展捕捞、养殖以及旅游等各项事业,完善各项公共服务设施,加紧建设精神文明,发扬社会公德、职业道德以及家庭美德。乡村振兴战略加速了桑岛村的现代化转型,吸引并稳定了一定数量的人口,桑岛村正逐步变成具备现代化特性的海上明珠。

1. 乡村治理有效,内生秩序稳定

过去,由于桑岛村渔民对公共海域的产权混乱无序,渔民们在对海区的使用和占有过程中容易产生冲突和矛盾,为解决这一问题,桑岛村村委会决定对海区进行综合治理、统一分配,类似于农村的家庭联产承包责任制。按规定每个渔民都有两亩左右的海区,类似于农村的分田到户,这样就在渔民和海域之间形成了一种"乡土联系"[1]。在这个基础上桑岛村实行了"海区承包制",一大片海区(通常在100亩以上)通过竞价的方式承包给个人,竞价成功者成为"股东",对这片海区享有完全使用权,供其打鱼或者养殖海产品,其他人不得进入该区域打鱼,而该片海区的其他渔民根据各自的海区大小拥有相应的股份,最后承包者将根据股份给渔民分红。对渔民起到"乡土联系"作用的"海区承包制",实质上是一种利益的关

---

[1] 费孝通:《乡土中国》,上海人民出版社,2006,第192页。

联，留在渔村是渔民群体自身利益最大化的一种理性选择。

如果说"乡土联系"是一种基于地缘纽带的联系机制，那么情感联根则是基于血缘纽带和地缘纽带的联系机制，是社会流动群体基于社区身份与农村建立的情感联结①，在一定程度上维持了乡村的情感秩序。情感联根最显著的表现是春节等传统节日以及亲友的红白喜事等活动中的返乡行为，桑岛村渔民特别重视春节和祭祖，在他们心里桑岛村才是他们的家。祭祖在桑岛村渔民的传统观念里是很重要的事，逢年过节的祭祖通常要求祖祖辈辈的几代人都要参加，每家每户过年时都要上坟、摆供品、烧纸钱，用来"告诉"祖先"过年了，回家过年吧"。除祭祖外，每逢佳节也是家人亲戚、街坊邻居欢聚一堂的日子，尤其是新年，在外居住和工作的男女老少都会回到岛上，这使得以往冬日里冷清的桑岛村增添了不少人气。由此可见情感联根增加了渔民对于渔村社会的归属感和认同感，形成了一种"拉力"，对渔民的人口流动起到了"回迁"的作用。

2. 产业结构多元，劳动需求增加

要实现桑岛村以乡村振兴战略为依托，以海洋生态捕捞为导向，转变渔民发展观念，从传统的渔业捕捞走向渔业养殖，从单一的渔业经济走向渔业与旅游业相结合的多元经济发展模式。

小岛上没有工业污染，火山岩地貌作为桑岛村原始的独特地貌含有大量微量矿物元素，海水盐度好、温度合适，为海水养殖创造了良好的优势条件。村里承包海区进行深海海参养殖的渔民有 10 多户，利用生态大棚养殖多宝鱼的渔民也有 10 多户。除此之外，近几年依靠自然景观而形成的特色休闲旅游业发展很快，正逐步走上正轨，从 2017 年开始桑岛村旅游正式列入村发展规划，在 2018 年成立了桑岛村旅游有限公司，把快艇、观光车、渔家乐、酒店等所有旅游项目都纳入公司统一管理。旅游业的发展为渔民提供了一条有效的增收途径，因此渔民从事旅游业的意愿较高，2017 年该村有渔家乐 12 个，到 2019 年增加到 20 个，与往年从事单一渔业相比，渔民总体经济收入有了明显的提高，预计未来从事旅游业的渔民数量会大大增加。

---

① 王通：《联根式流动：中国农村人口阶层分化与社会流动的隐蔽性特征》，《求实》2018 年第 5 期。

产业结构的多元导致了职业类型的分化，如今桑岛村的渔民职业主要分为三类：一是纯渔民（打鱼或养殖），二是纯商业者（只开渔家乐、酒店、小餐馆等），三是既是渔民又是商业者（打鱼同时开酒店等）。职业的分化使得工作岗位和就业机会增加，社会分工细化，个人异质性增强，渔民彼此间的依赖性增强，村内整合度高，形成了"有机团结"① 的社会。桑岛村对于工作岗位和工作任务的分配采用小组制，村里一共分为三个小组，村委会将工作任务通知给小组长，并将所需的工作人员数量平均分配给各个小组，小组长则负责联系组内渔民。海岛旅游业的发展将进一步为渔民提供更多的工作岗位和工作机会，进一步加速渔村形成具备现代化特性的"有机团结"的社会。

3. 生活条件富裕，公共设施完善

近几年桑岛村抓住乡村振兴的历史机遇，大力发展经济，呈现了千舟竞发、万马奔腾的新景象，渔民的经济收入和生活水平逐步有了很大提高。如今，该村拥有大小机动船 400 余艘，养殖区达 12000 亩，2018 全村年收入可达 3000 万元，一个普通渔民家庭的年收入能达到 10 万元，有大型渔船的家庭年收入在二三十万元。与此同时，乡村旅游已经成为渔民增收致富的重要手段②，尤其是到七八月份的旅游旺季，一辆观光车一天的收入可达 500 元，渔家乐仅两个月收入可达 40 万元。值得一提的是，在本地渔民就业致富的同时，吸引了一部分外来人口，随着村里生产生活发展越来越好，桑岛村的部分流动人口具有返乡的趋势，并出现了部分返乡创业者。

随着渔民的经济收入和生活水平的提高，桑岛村的公共服务设施日渐齐全，基础服务设施日渐完备。在村党支部和村委会的努力下，2017 年龙口市政府投资 100 万元，为桑岛村铺设了海底电缆、海底光缆、海底水管，修建了渔船码头和避风港，硬化了村内主干道和环岛公路，更加突出的是彻底解决了岛上水和电的供应问题，极大地改善了桑岛村渔民的生活条件。村内建设有小学、幼儿园、超市、网吧、台球室，以及一个大型中心活动广场，另增设了教学大楼、边防派出所、医疗卫生站，并选派了专职医生，改善了村里的医疗卫生条件。除此之外，桑岛村目前在建工程包括硬化全

---

① 侯钧生：《西方社会学理论教程》，南开大学出版社，2010，第 45 页。

② 银元、李晓琴：《乡村振兴战略背景下乡村旅游的发展逻辑与路径选择》，《国家行政学院学报》2018 年第 5 期。

村路面，修建公共厕所、沼气池、垃圾压缩站，增设旅游服务大厅和海产品介绍中心，并计划打造一个集休闲、娱乐、垂钓等为一体的海洋牧场。

4. 坚持绿色发展，践行生态捕捞

据桑岛村渔民反映，前几年海边的垃圾成堆，尤其是旅游旺季游客多起来的时候。村委会从 2017 年开始重视并着手解决垃圾清理和环境整治问题，村委班子通过合理利用上级政府对乡村振兴战略、美丽乡村建设等项目拨款的部分资金，加强农村环境专项整治，坚持绿色发展理念，推广绿色生产方式，对环境绿化、街道卫生等进行综合规划和治理，保持了村落的干净和整洁，极大地改善了村容村貌。

近年来，近海渔业的过度捕捞问题成为制约我国海洋渔业资源可持续发展的重要原因，渔业资源呈现普遍的衰退趋势，要解决这一问题就要追根溯源、采取生态手段来养护渔业资源，海洋生态捕捞通过对渔业捕捞的合理限制来缓解渔业资源的枯竭，实现渔业经济的可持续发展。近年来桑岛村的海洋生态捕捞取得了一定的成效，具体表现在渔业资源量增多和渔民经济效益提高两个方面。根据村委会的数据，休渔政策实施后，桑岛村所辖海域的渔业资源在一定程度上得到了恢复，渔业经济有了一定的提高，海洋环境也日益改善，虽然效果有限，但毕竟渔业资源的保护和修复不是一蹴而就的工作，需要长期可持续性的政策实践。

三　乡村振兴战略下渔村的现代化转型路径

乡村振兴战略的发展目标是农村现代化，当下中国农村正处于传统与现代的历史转换之中[①]，在探索农村现代化的发展道路的过程中，需要特别关注农村社会转型的阶段性路径与规律。同时受自然资源禀赋和经济发展水平的影响，不同地区农村社会发展都有与其相适应的转型路径[②]和该转型路径下的发展规律。渔村作为农村的一种特殊形式，基于其更快更成熟的社会发展阶段，更加具备乡村振兴的基础，更加接近乡村振兴的目标，因此其现代化转型路径具有独特性和典型性。

---

① 潘梦琳：《基于内生式发展模式的乡村振兴途径研究》，《中国名城》2018 第 4 期。
② 黄季焜：《乡村振兴初期要特别关注的几个问题》，《光华时报》2018 年 6 月 29 日。

在乡村振兴战略部署下，桑岛村的现代化转型路径可以分为两个阶段。第一个阶段主要是形成了以"产业振兴促进人才振兴，以人才振兴促进产业振兴"的良性循环，桑岛村从单一的渔业经济走向渔业与旅游业相结合的多元经济发展模式，从而创造了更多的就业岗位和就业机会，使得该村在保持相对稳定的人口总量的基础上，吸引了一定数量的外来人力和资本，进一步反向促进了乡村产业的发展。第二个阶段则是以产业振兴和人才振兴促进渔村社会的全面振兴。在具备产业基础和人力资源基础的同时，通过发展休闲渔业和海岛旅游业促进现代海滨新渔村建设，通过发展海洋牧场构建环境友好型和生态文明型新渔村，通过发展"山东省传统文化村落"加强海洋文化的挖掘与建设，通过增强渔民的凝聚力和推动渔村精神文明建设进一步提升渔村治理水平。

作为乡村振兴的一个典型案例，也作为城乡融合的一个典型案例，桑岛村的现代化转型路径具有独特的社会学意义。基于我们所提倡的研究"中国经验"的"二维视野"和"双侧分析"[1]方法，可以对桑岛村经验做如下的解读。首先，桑岛村的现代化转型是在特定时空背景下的创新性实践探索，这个特定时空背景是指当下的乡村振兴战略。乡村振兴战略要求和规定了桑岛村经验的创新方向和基本内容，桑岛村的发展既受其规范，也因其受益，在政策因素、产业因素、人力资源等具体发展要素方面获得了发展机遇和发展支持。其次，桑岛村的现代化发展是立足于自身区位特点、资源禀赋特点、社会经济发展基础因地制宜的创新性实践探索。桑岛村区位优势明显，作为龙口市唯一的海岛村庄，这里碧海环抱、空气清新、环境优美；海产资源丰富，盛产海参、对虾、鲅鱼、梭子蟹等；较高水平的经济实力和因之形成的相对完善的公共基础设施和公共服务设施，都成为其推进现代化的强大支撑。最后，桑岛村的现代化进程是人与产业和谐统一的创新性实践探索。人是桑岛村现代化建设的核心，产业是桑岛村现代化建设的支撑，由此形成了依靠人来发展产业、依靠产业来吸引人的良性循环，然后进一步通过产业基础和人力资源基础来带动渔村的全面振兴和现代化发展。

---

[1] 郑杭生、张本效：《"绿色家园、富丽山村"的深刻内涵——浙江临安"美丽乡村"农村生态建设实践的社会学研究》，《社会》2013年第6期。

四 结论

在新时代城镇化背景下，实施乡村振兴战略是破解我国经济社会发展主要矛盾的重要抓手①，是改善农村生产和生活环境、实现城乡融合发展的必然选择。在此战略机遇期必须抓好战略关键点、踏准战略发展路径，一方面要切实厘清农村社会转型过程中各地区的发展阶段和发展路径，循序渐进地推进乡村振兴战略。对桑岛村振兴的发展路径和发展阶段进行研究，可以掌握一些渔村现代化发展的普遍规律，探索出一条满足新时代渔村发展需求的特色渔村建设模式，为全国其他区域渔村的发展提供经验借鉴。另一方面要切实厘清乡村振兴过程中各阶段的发展重点及其优先顺序，持续高效地推进乡村振兴战略。② 渔村是农村的一种特殊形式，渔村的特殊性在于相较于农村而言，位于东部沿海地区的渔村经济较为发达，社会发展得更快更成熟，更加具备实施乡村振兴战略的基础，更加接近乡村振兴战略的目标。当前乡村振兴战略正处于初步发展阶段，渔村作为"东部"与"乡村"的重叠部分，是否可以将"东部率先"战略与乡村振兴战略结合起来，将渔村作为现阶段乡村振兴的发展重点；将渔村作为现阶段乡村振兴的先行者，以此来推动沿海渔村率先振兴、率先实现现代化呢？

---

① 张海鹏、郜亮亮、闫坤：《乡村振兴战略思想的理论渊源、主要创新和实现路径》，《中国农村经济》2018 第 11 期。
② 刘合光：《乡村振兴战略的关键点、发展路径与风险规避》，《新疆师范大学学报》（哲学社会科学版）2018 年第 3 期。

渔村社会与海洋生态

中国海洋社会学研究

2020 年卷 总第 8 期

第 67~85 页

© SSAP，2020

从漂泊到定居

——粤西一个海岛疍民社区的再造历程*

罗余方**

摘 要：海洋渔业社区是近年来社会学和人类学研究的一个重要领域，本文通过研究粤西硇洲岛的疍民群体从海上漂泊到陆上定居，进而被国家力量再造为一个社区的历程，试图为社区研究提供一个异于传统乡村社区的另一种社区构造的样本。研究发现，社区之所以可能再造，是因为形成了一套嵌入于社会文化之中的社会动力机制，这套机制可以是基于地缘形成的社会关系网络的礼物流动机制，也可以是基于血缘的宗族礼法机制，还可以是基于信仰的供奉神灵的制度化体系。

关键词：疍民社区 海岛 社会动力机制

社区研究一直以来都是人类学一个非常重要的研究领域，目前就国内学界来说，以社区的研究方法来研究沿海渔民社区特别是疍民社区的还不是很多。国内外学界之前已经有很多有关疍民的研究，但由于疍民群体本身的流动性特征，使得研究疍民社区变得比较困难。新中国成立后，东南沿海地区的疍民被政府安排上岸居住，成为有固定居所的人，这为我们研

* 本文系广东海洋大学博士科研启动项目"南海地区海洋灾难应对的社会韧性机制研究"（项目编号：R19021）、广东海洋大学创新强校工程项目"广东沿海经济带海洋灾害应对的社会参与机制及其政策建议研究"的阶段性成果。

** 罗余方，广东海洋大学法政学院讲师，广东沿海经济带发展研究院海洋文化与社会治理研究所研究员，中山大学人类学博士，主要研究方向为海洋人类学、灾害人类学等。

究疍民社区提供了方法上的可能性，同时也为我们反思和审视过去的汉人社区研究提供了可供参照的样本。笔者从 2015 开始一直关注粤西沿海地区海洋渔民群体的生存状况，并在当地一个海岛的疍民社区进行前后长达一年多的田野调查，通过参与观察和深入访谈的方法，收集了有关这一疍民社区的变迁历程和现状的大量、丰富的田野材料。本文在描述和分析这些田野材料的基础上，通过考察广东省湛江市硇洲岛的疍民群体从海上漂泊到陆上定居，进而被国家力量再造为一个社区的历程，试图为社区研究提供一个异于传统乡村社区的另一种社区样本，并在此基础上，进一步回应社区再造何以可能的问题。

一　社区研究的传统范式

在人类学和社会学的研究中，社区研究由来已久。在早期西方社会学大师滕尼斯的《共同体与社会》一书中，他区分了共同体（社区）与社会的概念，在他那里共同体代表一种表现为本能、习惯和记忆推动的，以统一和团结为特征的社会联系和组织方式，它以血缘（家庭）、地缘（村庄）和精神共同体（友谊或信仰团体）为基本形式而存在。而社会指的是由选择（理性）意志所推动的，有明确目的并以利益和契约为基础的社会联系和组织方式，如现代政府、政党、军队和企业等。①

在人类学的研究中，社区研究一直是其关注的重点。以马林诺斯基为代表的功能学派主张把一个社区的社会文化看作一个相互联系、不可分割的整体，社会中之所以形成各种文化，是因为这些文化是满足人基本需求的方式，而人类学家的工作就是通过长时段的参与观察来理解人的文化性、制度性的活动与人基本需求之间的关系。功能学派的社区研究主张对一个小的社区进行细致的观察研究，研究这个社区社会文化的各个方面，最后对这一社区做出一个整体的文化描述。以费孝通的《江村经济》为例，他对单个社区的研究是有他自己的理论抱负的，他想通过选择一个或者几个社区作为一种"类型"的代表，在不断积累众多的不同的"类型"，进而可以达到反映中国社会结构总体形态的目标。不过这种"类型学"的研究方

---

① 斐迪南·滕尼斯：《共同体与社会》，林荣远译，商务印书馆，1999，第 52～57 页。

法本身就面临着方法论上的挑战，鉴于中国社会和文化的多元性，每一个个案都有其独特之处，到底要研究多少个社区才能完整地反映整个中国的全貌呢？弗里德曼曾指出费孝通所做研究的局限性所在，认为其将传统人类学研究初民社会的工具移植到复杂社会的时候，错误地将对总体性的把握也移植了过来。限于当时功能主义本身的历史局限性，他们过于注重对社区"横向"的内部的结构研究，从而缺乏对社区的历史性和内外关系体系的结构的考察。

20 世纪后半叶，很多研究中国的西方人类学家开始跳出这种小社区的研究框架，把研究的视野由一个小社区扩展到更大的区域社会，关注社区之外的大历史与国家社会力量。其代表人物有弗里德曼（Maurice Freedman）、施坚雅（G. W. Skinner）、武雅士（Arthur Wolf）、孔迈隆（Myron Cohen）、华德英（Barbara Ward）和詹姆斯·沃森（James Watson）等。20 世纪 60 年代后，象征人类学的理论兴起也在逐渐打破原来功能主义的研究范式，武雅士等人关于民间宗教的研究就是这方面的代表，他们认为汉人民间宗教存在共同的象征体系——神、鬼和祖先。[①]

改革开放之后，国内也涌现了一大批研究中国的乡村和城市社区[②]的社会学和人类学学者，他们的研究都在尝试跳出原来功能主义的研究局限，关注现在的社区与过去的历史的关联以及社区之外国家力量的因素，试图通过"对小地方的描述，反映复杂社会中的政治经济生活、历史和社会结构"[③]。

20 世纪 90 年代初在广东兴起的"华南学派"，对于社区研究亦有比较大的理论贡献。"华南学派"是由科大卫、刘志伟、陈春声、罗一星和戴和等合作的，在珠江三角洲地区开展田野调查的，以"珠江三角洲传统乡村社会文化历史调查计划"为基础逐渐形成起来的。[④] 一方面他们延续之前的弗里德曼、武雅士、华琛等人关于国家与社会的分析视角，同时他们这一

① 武雅士：《中国社会中的宗教与仪式》，彭泽安、邵铁峰译，江苏人民出版社，2014，第 1 ~ 19 页。
② 这些社区研究中有代表性的有王铭铭的"闽台三村"和"溪村史"的研究，于建嵘的"岳村政治研究"，董磊明的"宋村"的研究，阎云翔的"下岬村"的研究，景军的"大川村"的研究，黄树民的"林村"研究等。
③ 王铭铭：《社区的历程——溪村汉人家族的个案研究》，天津人民出版社，1996，第 15 页。
④ 赵世瑜：《我与"华南学派"》，《文化学刊》2015 年第 10 期，第 43 ~ 53、2、41 页。

学派非常重视国家权力和意识形态如何渗透到地方社会之中，又是如何在具体的人的观念和行动之中表现出来的。① "华南学派"已经开始关注一些边缘群体如疍民的社会化（国家化）过程，主要以珠江三角洲的开发史作为线索来讨论疍民族群与岸上人之间的关系及其对社会文化变迁的影响，特别是上岸后的疍民的身份在与周边的定居汉族的交往过程中如何建构自己的身份问题，疍民对这一地域社会变迁所具有的文化和历史意义成为人类学家和历史学家共同的兴趣。以贺喜的粤西疍民研究为例，贺喜延续了"华南学派"一贯重视民间的碑文、族谱以及民间信仰的仪式的传统，以社会史的视角研究粤西的疍民，主要以"上岸"后的"水上人"举行的宗教仪式来探讨他们对宗族的概念认知和实践，进而去讨论"上岸"以后"水上人"是否会从家屋的状态走向宗族的过渡。② "华南学派"受限于早期研究华南的人类学家宗族理论的影响，倾向于把疍民研究作为回应宗族理论的一个参照点来看疍民的社会文化变迁，忽略了疍民文化形态本身的丰富性和多样性，如何跳出宗族理论的视角来看疍民对自身的文化建构是本文想要去讨论的问题。

总的来说，以往关于社区的研究在研究理论方法上有了很多的突破和创新，既强调对于社区结构功能的描述，同时又注意到结构化的过程，去讨论社区的历史演变进程和社会文化的变迁。一方面他们已经注意到了国家的力量在社区建构过程中的重要性，另一方面他们也关注到地方社会中的个人和群体依靠自身的能动性是如何应对和利用国家的力量以求得发展的。以往的社区研究主要集中于传统乡村社区，而对沿海渔民社区特别是疍民社区却较少关注。疍民社区与中国内陆乡村在历史文化和生存方式等方面有着巨大的差异，部分疍民在新中国成立后被安排到岸上居住，他们的社区历程与传统乡村社区有很多的不同之处。此外，以往社区研究也较少关注社区"何以可能的问题"，正如肖林所认为的，在中国当下的语境中，"'社区'研究"应该是试图回答诸如"是否存在一个'共同体'意义上的'社区'""它的理论及现实意义何在""社区如何从'自在'走向'自为'，进而走向公民社会""什么样的社区治理结构才是合理的"等关键

① 萧凤霞：《廿载华南研究之旅》，《清华社会学评论》2001 年第 1 期，第 181～190 页。
② 贺喜：《流动的神明：硇洲岛的祭祀与地方社会》，《海洋史研究》（第六辑）2014 年第 6 期，第 230～252 页。

问题。①

二 新中国成立前的硇洲岛疍民社会

本文所要讨论的疍民社区位于广东省湛江市郊外一个海中之岛，名曰硇洲岛。它是一个由海底火山爆发而形成的海岛，离湛江市区（霞山）约20 海里②，位于湛江港航道要冲位置。它的北面是东海岛，西面是雷州湾，东南方向是南海并一直延伸到太平洋，总面积约 56 平方公里③，总人口44674 人④。硇洲岛现为湛江市经济技术开发区下辖的一个镇，有宋皇、孟岗、谭北、北港、南港 5 个村和红卫、津前、淡水 3 个居民委员会，其中红卫为新中国成立后的疍民社区，总人口 5035 人、1517 户，常住人口约 3000人，面积达 0.6 平方公里。

（一）"打罟"与硇洲岛疍民的来源

硇洲岛的疍民何时到岛居住，目前并未有明确的历史记载。在岛上的疍民中间流传着一个关于他们祖先与来历的传说：

> 我们的祖宗原来也是福建省的农民，因为逃荒便跑到海上来了。很早以前，福建省近海沿岸一带有许多细小的渔船依靠"打罟"作业为活，后来此地的鱼被打光了，他们为了生活便逐渐开始南移来到了广东省沿海一带。在沙堤住了三年，此时，已经改变了过去的"打罟"作业的落后方法，以压虾为生。在压虾当中，他们发现并捕了有不少的鱼，接着便发明了网作业。渔船亦由小变为大了，最后一道南下到了我们的硇洲岛便在此安居下来。因为我们的祖宗从前曾以"打罟"

---

① 肖林：《"'社区'研究"与"社区研究"——近年来我国城市社区研究述评》，《社会学研究》2011 年第 4 期，第 185~208、246 页。

② 参见湛江市麻章区人民政府《湛江郊区简志》修订小组《湛江郊区简志》（修订本），1997，第 12 页。

③ 参见湛江市麻章区人民政府《湛江郊区简志》修订小组《湛江郊区简志》（修订本），1997，第 12 页。

④ 数据来自 2010 年第六次全国人口普查，详见 http://www.stats.gov.cn/tjsj/pcsj/rkpc/6rp/indexch.htm。

作业捕过鱼，我们还得名为罟帆，一直流传到现在。[①]

罟民的捕鱼方式是"打罟"，又名"敲罟"，据史料记载，最迟在明嘉靖年间便已经产生[②]。"敲罟"是集体作业，先让两艘大船进入到鱼群的中间，张开网做准备，接下来还有一二十条小渔船围着大船组成一个半圆圈，然后船上的人开始敲打绑在船上的竹竿，竹竿插入水中，通过水下声波的方式来将大黄鱼震昏。最后，渔民再把昏了的鱼群捞入大网之中。所谓"罟棚"的棚是一个单位，一棚就是十几到二十艘小船和两艘大船组成的一个生产作业的单位，又叫一堂罟。后来改为木帆船了，所以后面又改名叫罟帆。[③]

（二）新中国成立前罟民的生计方式

在新中国成立前，罟民以深海捕鱼为主，跟岛上的以浅海作业的渔民相区分。在很久以前硇洲岛罟民的渔船主要以罟帆艇为主，其船体狭小。根据红卫的老渔民吴伯回忆："这种船长约 6.8 米，宽约 1.6 米，载重 4 吨左右，主要进行小型围网和小拖风网。"在清光绪年间，硇洲岛的黄花鱼春汛连续几年大丰收，于是渔民有钱之后纷纷去罂罗装造大船，原来的罟帆艇换成了大的罟帆船。根据相关资料记载，截止到民国十一年（1922 年），硇洲岛罟帆船已经发展至 107 艘。当时深海作业以两艘船为一个生产单位，当年硇洲岛深海渔船组成了 53 个生产单位，剩下一艘船与电白区博贺镇的单船合为一个生产单位，分成 18 帮（船队），跟帮生产，自此硇洲岛成为粤西地区五大渔港之一。[④] 由小艇到大船，硇洲岛罟民规模也在不断扩大，大船与小艇之间不只是尺寸大小的问题，其中还包括生产方式的差异。大船由于能够抗更大的风浪，所以比小船能够去的地方更多。再者大船主要

---

① 资料来自黄焕先生提供的 1963 年共青团罟帆大队总支部委员撰写的罟帆大队史材料。

② 丛子明、李挺：《中国渔业史》，中国科学技术出版社，1993，第 59~60 页。

③ 关于这种捕鱼方式《（光绪）吴川县志》亦有比较详细的记载："蛋艇杂出，鼓棹大洋，朝东夕西，栖泊无定。或十余艇，或八九艘，联合一舟宗，同罟捕鱼，称为罟朋。每朋则有料船一只，随之腌鱼，彼船带米以济此蛋。各蛋得鱼归之料船，两相贸易，事诚善也。但料船素行鲜良，忽伺海面商渔随伴船少，辄纠诸蛋乘间行劫，则是捕鱼而反捕货矣。"参见毛昌善修、陈兰彬纂《（光绪）吴川县志》卷四，《政经》。

④ 湛江市郊区委员会文史资料编辑组：《湛江郊区文史》第 3 辑，1992 年 9 月第 1 版，第 70 页。

的作业方式是双拖网作业，其捕捞能力更强，所需要的人力也更多，所以大船需要雇用更多的渔工来从事生产作业，这样就有了渔民和渔工的阶层分化。自从有了大船之后，疍民与岛上的人在捕鱼方式上的差异更加明显。他们以做大船深海捕鱼为主，区别于岸上的小船浅海作业，他们在作业方式上基本是两条船的双拖网作业和围网作业。

（三）社会分工与社会组织

1. 船上和家庭的分工

在新中国成立前，大船深海渔民为了保证捕鱼工作能够有效进行，他们有比较严密的组织分工和完整的规章制度。每艘渔船各人的职责分明，有技术员（船长）、副技术员、大工、船头工、下脚仔等工种。每个工种都有比较明确的分工：

> 船长一般由船主担任，1人负责渔场，了解鱼汛、较口、装网，是总指挥；副技术员3人，协助技术员专门试水，鉴定海域底质，以便鉴定渔场位置；大工3人负责驶船，轮班驶船，没有下网时负责把舵；船头工7~8人，即是当水手；下脚仔什么都干，每天磨刀，回来时摇艇，并把船上的灯洗抹干净；妇女做炊事员，一般4人，每次两人轮流煮饭，一个月为期，逢旧历月底交班。[1]

从这段材料中，我们可以看到，渔船主与工人之间的收入相差并不是特别大，虽然船主本身拥有生产工具，但是他自己也必须参加劳动，而且他也必须依靠工人，在船上他们甚至是患难与共的关系。

2. 高度商业化的借贷系统与民间互助组织

在新中国成立前，硇洲岛几乎每艘罟帆船都会依附一个渔栏主。船主捕到的鱼只能够卖给自己的渔栏主，与此同时，当他们资金短缺的时候，渔栏主会借贷给他们，而他们在海上捕捞的后勤服务也由渔栏主承担。每个渔栏主对于依附于他的渔船都非常熟悉，当渔船回港之时，便派小艇去

---

[1] 资料来源于新中国成立后对硇洲岛罟帆大队老渔民的访谈，参见麻章区人民政府《湛江郊区简志》（修订本），1997，第374页。

接收渔获物。逢年过节，渔栏主也会为渔船送点猪肉、月饼之类的礼物。一方面，渔民与渔栏主之间存在着某种互惠的关系，渔栏主为了获得渔民的渔获物会为渔民提供各种贷款和资助，这对于渔民的发展来说是非常重要的，那时候渔民不可能获得政府的贷款。贷款给渔民其实也是一件有风险的事情，因为海洋捕捞的风险性是非常大的，渔民如果遭遇海难丧生，则渔栏主的钱也会随之打水漂。另一方面，渔栏主也借此控制和压榨渔民，他们之间还是存在着某种权力的不对等。

由于海洋捕捞具有风险高、作业难度高以及海洋资源作为公共资源容易导致恶性竞争等特点，渔民组建了一些生产的互助组织，这些互助组织多是以地缘和血缘来建立的，主要是为了生产互助、防御海匪、发生海难时能相互救助、避免渔民间的过度竞争等。事实上，在清代的时候，很多地方就已经有了渔帮、渔团、渔民公所等民间互助组织，它们主要以地缘和血缘为纽带。① 在纯粹以渔为生的疍民的社会之中，这样的组织非常普遍。

（三）家庭结构和社会关系网络

1. 家庭结构

疍民追逐鱼汛在海洋里漂泊，遇到哪里有港湾就在哪里停留，所以人口的流动是非常快的。在硇洲岛的疍民并非都是明清时到硇洲岛的，很多疍民是后来才陆陆续续到达港口，而原来生活在这里的疍民也可能因为其他原因而远走他乡。并非每个疍民都有船，由于在过去疍民经历了各种歧视和打压，加上海洋作业本身的高风险，他们极有可能失去赖以生存的家船而沦为别的船上的渔工，这时候他的家人就只能在岸边搭个棚屋居住。

在硇洲岛的疍民，到民国时，已经有很多人开始在岸上搭木棚居住了。一开始他们是在北港的海滩居住，后来由于受到台风和战乱等因素的影响，失船的疍民越来越多，北港已经容纳不下那么多人，有的人开始迁移到南港，也就是今天红卫社区所在地前面的海滩。据红卫 86 岁的吴伯讲：

在新中国成立前，我们就已经到这附近（指红卫现在的所在地）

---

① 党晓虹：《明清以至民国时期海洋民间组织的历史演变与当代启示——以海洋渔业生产互助组织为中心的考察》，《农业考古》2014 年第 3 期，第 268～274 页。

海边搭木棚住了。那时候不像现在，海边是公共的，只要海边有空的地方，渔民就可以在那里搭个棚住，没人管你。这里的渔民分为船主和渔工。一艘船十来个人，渔工有七八个，都是在船上住的。渔工来自哪里的都有，阳江、吴川、电白、雷州甚至北部湾的都有。渔工的家属就一般在岸边搭个棚住。小木棚一半在水里，木桩撑起来的，上面是木板，床、厨房、厕所，都在里面。大小便就直接拉在海里，海水一冲就干净了。①

小木棚一般只有30多平方米，中间用木板隔开，前面挡一个帘子或者布，一家人就住在这里面。结婚也在木棚里结，结完婚就分出去单独搭个木棚住了，如果实在太穷的，就还是和家里人住在一起，然后把房间隔开。一般男的到十四五岁就落船了，就住到船上去了，只有在船回港的时候才回来。老人、女人和孩子住在棚里。老人一般跟儿子住，如果有几个儿子就由他们轮流来供养老人。有船的老板住在船上，其家人也跟着住在船上，也有的老板的家人不跟着住在船上，他们会在淡水租房或者买房住。

当时渔民的家庭组织结构以核心家庭为主。当孩子成年后，一般就不和老人住在一起，而是和他们分开居住，除非因经济贫困而无法分开居住的，则会住在一起。以前小船作业的时候，一条船就是一个小家庭。后来变成大船后，依然延续了这种方式。由于长期以船为家，受到船本身空间结构限制，他们在结婚以后即选择分船而居的家庭模式。事实上这也是他们应对残酷生存环境的一种策略性选择，因为如果一家人同在一条船上居住，那么这条船一旦遇难，整个家族都将灭亡，这样的例子在疍民的历史上并不少见。陈序经曾在《疍民的研究》一书中谈到，渔民在结婚之后因船屋空间的限制而分开居住，再加上渔民在海上浮生，亲属间的流动性很强。他们文化程度较低，不懂得记家谱。所以他认为疍民的家族观念比较弱。②

2. 社会关系网络

在1949年以前，疍民常被陆上的居民歧视，岛上的人不跟他们通婚。在硇洲岛的疍民以讲白话为主，而岛上的人以讲黎话为主，他们彼此之间

---

① 讲述人：吴伯，红卫社区渔民，访谈地点：吴伯家中，访谈时间：2016年6月15日，下午4:30。

② 陈序经：《疍民的研究》，《民国丛书》第三编第18集，上海书店，1991，第146页。

语言不通，文化和生活习惯也有所差异。疍民通婚圈也大都在内部进行，他们有人不喜欢跟岛上的人通婚。吴伯回忆：

> 疍民四处漂泊，在沿海地区到处都有疍民。如果船停到哪里，看上当地的某个女人，可以找媒人去提亲，征得那个女的和双方父母同意之后，就可以选个日子结婚了。不过也有的是先自由恋爱的，比如以前疍民喜欢唱咸水歌，男的女的都唱，可以相互对唱，要是对得好，女人就可能跟你走。所以我们这里的女人来自各个地方，阳江、吴川、北海都有。有船的人结婚是在船上结的，那时候结婚很热闹，要唱咸水歌摆酒。人结婚后，也分开住的，他们要么再造一条船，要么在岸上租房住。①

由于新中国成立前疍民与岸上人的身份隔阂，他们这一社群形成了区别于岸上人的、基于水上交通网络的独特社会关系网络结构和空间格局，他们的亲属关系网络大多不在同一个地方，而是分布于东南沿海各个港口和海岸。因为疍民本身的流动性强，他们与邻居之间的关系也并不深厚。他们会临时结成一对或者几对一起出海捕鱼，这种临时性的组织关系并不很牢固，可能因为其中一艘船遇难或者发生其他的纠纷和变故而解散。

（四）疍民的信仰体系

疍民的神灵信仰是比较庞杂的，陈序经先生在《疍民的研究》中指出，疍民的宗教信仰同定居的汉人差不多，他们的鬼神信仰体系受到了定居的汉人的影响，都是基于佛教和道教思想。他认为疍民的鬼神信仰十分浓厚，并把这个当作是一种"迷信"的表现。② 岛上疍民祭祀和信奉的神明种类繁多，来源也各不相同。疍民们对不同神明的祭祀方式也存在差异。不过他们信仰的神大多还是来自这个岛上的庙宇。因为渔民出海捕鱼之前，一般都要先去庙里拜神求得出海平安，特别是遇到一些风险的时候，他们会向神许诺："如果这次你保佑我平安，那么我就把你请到家中，常年供奉你。"

---

① 讲述人：吴伯，红卫社区渔民，访谈地点：吴伯家中，访谈时间：2016 年 6 月 15 日，下午 4:30。

② 陈序经：《疍民的研究》，《民国丛书》第三编第 18 集，上海书店，1991，第 165~167 页。

这时如果渔民平安归来，那渔民一定会兑现之前的承诺，把这个神请到船上和家中去，每天早晚上香斟茶供奉，每条船上都供奉着很多的小神像和神主牌。渔民长期在海上漂泊，不能经常到陆地上的庙宇拜神，这也是他们请神灵到家和船上的原因。在新中国成立前，疍民不能穿鞋上岸，上岸后看见陆上的人也要低头走路。但是岸上的人却允许他们进庙拜神，参与庙的祭祀活动。吴伯说："在过去，疍民跟岸上的人一样，可以到庙里去拜神的。神诞庙会活动疍民都可以参加，那时候我们也会供钱给庙里。"津前天后宫是岛上较早建立的一座庙宇，始建于明朝正德元年（1506 年），在宫内至今仍然保留着很多的历史文物，其中一件是清代乾隆二十九年（1764 年）的铁钟，铁钟上的铭文写着：

> 罟长吴官招眔黄富上、郭建现、黄国贞、何起上、林奂聚、石广富，罟丁众等仝□洪钟一口，重一百二十余斤，在□硇洲天后娘娘殿前□□□□。旨乾隆廿九年□□吉旦立。文名炉造。

这段铭文前面的罟长是疍民的一个称谓标识，这说明当时疍民可以到庙里去拜神，并且可以捐献财物。在新中国成立前，似乎只有在对神灵的信仰上，疍民才不会被岸上的人所排斥，或许这可以部分解释为何疍民与定居的汉人的神灵信仰体系比较一致。疍家的神灵信仰还有的源于他们在海上遭遇到的各种灵异的事件，进而把这些看作某个神的指示。例如硇洲岛北港港头村的三七庙里供奉的神明吴三七，就跟一个吴姓的疍民出海捕鱼时连续几天都碰到同一块木头的离奇经历有关，于是人们就将此木头当作神灵显灵加以祭祀。对于渔民特别是疍民来说，他们信仰的很多神灵可能来自从海上漂泊而来的东西，比如一块木头甚至是一具海上的浮尸等①。

疍民的神灵祭祀的方式使得他们很难像岸上人一样有一座庙宇作为信仰的公共空间，这些神灵被整合在一起，并逐渐形成一个以某一神灵为主祭神的神灵供奉体系，从而形成一个信仰的共同体。

---

① 粤西地区的渔民将水上航行时遇到的尸体称作"水流神"，男的被称作水流神大哥，女的被称作水流神大姐。渔民遇到尸体时都会义不容辞地将尸体捞起，带回陆上安葬，或向沿海各地通报认领。参见刘爱华《船》，中国社会出版社，2010，第 90 页。

三 1949 年以后疍民社区的社会转型

（一）新中国成立初期渔业政策与疍民身份地位的转变

新中国成立以后，政府开始重视疍民的歧视和生计问题。1952 年 5 月广东民委向广东省海岛管理局、海南民委及各疍民聚居区政府发出《为调查疍民资料请广泛搜集见告》的公函，该公函指出过去在反动统治下造成了疍民与陆上居民的隔阂和歧视，要求对疍民地疍民人口数量、散布地区、历史来源、生活状况，新中国成立前被歧视、被压迫、被剥削情况，现在的社会关系以及语言、风俗、习惯各方面是否有与陆上居民不同的显著特征等加以调查。① 1951 年 8 月广东省政府在《关于沿海渔民工作中若干政策问题的规定》中也规定应由政府划出足够数量的公地，作为建立渔村、学校、工厂及有关各种渔业经济建设之用，使疍民能上岸安居。红卫人也是在这一年开始大规模地到岸上来居住的。据红卫的吴伯讲："我们之前是在这边海边搭个棚住的，现在住的这里（指红卫现在的所在地），以前是片荒地。那时候是埋死人的地方，新中国成立后政府把这块地拨给了我们，然后陆陆续续很多人都迁到这里来住，那时候都是搭木棚住的。"

1954 年 4 月，岛上的疍民成立硇洲罟帆渔业生产合作社。1952 年 12 月，硇洲岛的疍民在红卫成立了雷东县第一个硇洲罟帆生产互助组。根据吴伯讲："生产互助组是自愿参加的，渔工可以以工具、技术和劳动力的形式和船东合伙，最开始有的渔船船东也不愿意，后来慢慢就都加入了。"到 1955 年的时候，根据中央下达的文件精神，红卫社区又推行高级渔业生产合作社。

随着国家推行计划经济体制，渔民被纳入国家的体制，在生计模式上也发生了很大变化。与农民不同，渔民享受国家的粮油供给，同时渔民所有的生产资料也收归集体所有，渔民捕到的鱼也由国家统一收购，渔民被编为一个个的生产队，进行集体生产，没有了生产自主权。渔民实际上变成了国家的渔业工人。

---

① 广东省民族事务委员会：《为调查疍民资料请广泛搜集见告》，广东省档案馆档案 246 - 1 - 6 号卷，第 1 页。

（二）"大跃进"到"文化大革命"时期的渔业社区

1. 公社化时期渔业生产和社会分工

进入公社化之后，渔民的渔业生产产量有所增加。渔民一起集体劳动，按照工分来计算个人的劳动成果。男女分开劳动，女的不再下船，主要负责后勤工作，帮助把渔船捕回来的鱼运到水产站。整个渔业生产更像是一种工厂化的模式。就连渔民想吃自己捕到的鱼，也需要出钱来购买。到1958年罟帆大队成立了生产队，渔民开始集体出海，场面非常壮观。1966年"文化大革命"开始，国家开始处于激烈的动荡之中。1966年12月，硇洲公社罟帆渔业生产大队改名为硇洲公社红卫渔业生产大队。这也是现在红卫社区名字的来源，那时候很多地方都开始用"红"来命名。

2. 居住空间的变化与公共空间的营造

新中国成立之后，疍民不但在政治地位上翻了身，其整个生存条件都得到了很大的改善，具体可以体现为收入水平的提高、住房条件的改善和教育状况的改善。从下面这段史料中我们可以明显感觉到这种变化。

> 1952年这大队每个劳动力平均收入540元，最高有810元，社员副业收入未计在内。到1956年就有显著的提高，每个社员平均收入就有600元，最高有1075元，社员副业收入未计在内。社员家属副业收入也有显著提高，平均每户收入有100元以上。到1962年社员收入就有更大的增加，社员平均收入有350元，最高收入有2000元以上。[1]

很多社员都建起了自己的新屋，1961~1963年就建有新屋46间，有一半以上是二层楼，有些都安装上了电灯。从收入和居住条件等方面来看，当时疍民的生活水平已经远远高于岛上的农民，甚至高于全国城镇居民的人均收入水平[2]。在岛上的农村，新中国成立以后一直到改革开放，大部分的村落住的都是茅草房，很多村落直到80年代初期才通上电。

除了让渔民定居、进行集体化的生产和分配之外，国家还通过建构公

---

[1] 资料来自黄焕先生提供的1963年共青团罟帆大队总支部委员撰写的罟帆大队史材料。
[2] 国家统计局国民经济综合统计司：《新中国五十年统计资料汇编》，中国统计出版社，1999，第22页。

共的空间和一系列的集体性的活动来强化渔民对于国家的认同。

> 当时队上会组织很多的文体活动，镇上还有文宣队，组织大家唱歌，还会组织文艺晚会，那时候唱的都是革命歌曲，很多都是歌颂党歌颂毛主席的。还有划龙舟和打篮球的比赛，当年在大队的办公楼对面有块比较大的空地，在那里建了个篮球场，当年经常有篮球比赛，平时开大会就在那里开，有时候也在那里放电影。划龙舟比赛新中国成立前就有，是在海里划的，很精彩，后来"文化大革命"的时候被禁止了。①

公共空间的出现，对于一个新社区的营造来说具有极其重要的意义。公共空间的价值在于促进社区中不同社会阶层或团体的人们进行交流、融合，它是社区动力机制的重要来源。② 作为居民社会活动的中心，社区公共空间能够帮助社区的居民创造集体记忆、搭建新的社会网络，让社区居民对一个新的地方产生一种认同感和地方归属感。但是依靠国家权力营造的公共空间和地方自然形成的空间是有区别的，国家权力下制造的公共空间更多强化的是居民对于国家的认同和依赖感而非对地方社区的认同，它的目的在于使地方社会国家化。正如法国社会学家列斐伏尔认为的，空间是一种权力关系的产物，空间的生产、历史的创造和社会关系的构成是相互紧密结合在一起的，空间是政治性和策略性的，是一种真正充斥着各种意识形态的产物。③

3. 教育状况的改善

在新中国成立前，疍民很少能够接受教育，他们大部分都是文盲，这也是疍民受到岸上人歧视和打压的原因之一。美国学者穆黛安认为渔民（指疍民）倾向于长期地脱离特定的沿海村庄，在适宜的季节定期"漂泊"，加上本身的贫困难以接受教育，"以致阻断了与重视定居生活和依恋本土的陆地社会价值系统的联系，最终被排斥在科举制度之外，难以通过教育改

---

① 讲述人：陆莲，62 岁，红卫小学退休教师，访谈地点：红卫街道旁，访谈时间：2016 年 8 月 26 日。

② 简·雅各布斯：《美国大城市的死与生》，金衡山译，译林出版社，2006，第 43 页。

③ 包亚明：《现代性与空间生产》，上海教育出版社，2003，第 48~52 页。

变其身份和地位"①。

　　新中国成立后，当国家特别照顾疍民，给他们办学校、让他们都能接受教育的时候，他们尤其感激。

　　　　我们渔民大队办了渔民小学3间，有学生300多名，还有很多在办的小学读书，过去的渔民一字不识，现在青年一代渔民都有了文化。现在有初中生150人，高中生35人，大学生10名，还有50名青年渔工到南海水产公司工作，当上了船长的有6名，全大队训练有技术员63名，驾驶员166名，卫生员6名，轮机员20名，通讯员5名。②

　　随着疍民的受教育水平的提高，其对自我的身份认同和对国家的身份认同也随之增强，同时教育还与权力相关，当疍民的子弟接受了教育以后，也意味着他们在这个社会拥有了与岸上人同样的话语权。

4. 社会关系网络的变迁

　　因为红卫大船拖网捕鱼效率高，渔获物多，因而渔民的收入也比较高。同时红卫因为捕捞的鱼多所以对国家的贡献多，受到政府的高度重视。这时候的红卫，成为岛上最让人羡慕的地方。当时红卫的房子在整个岛都还算不错的，所以那时候，很多农村的姑娘想要嫁到红卫来。因为嫁到这里每个月都有国家给的粮食吃，还有鱼吃。那时候农村是很穷的，务农又很辛苦。

　　　　岛上农村女的嫁到红卫来则可以享受到粮食供给。当时我们红卫的男的，除非是那些自身条件比较差的，在这边没人看得上的才会找农村的人做老婆。当时就算红卫的一个长得比较丑甚至带点残疾的男的，也能在农村找个漂亮的老婆。③

　　由于当时国家的城乡二元结构体制，红卫人从被岛上歧视的群体变成了岛上人羡慕的对象。疍民自身经济条件和社会地位的提高，也影响了疍

---

①　穆黛安：《华南海盗（1790－1810）》，刘平译，中国社会科学出版社，1997，第15～18页。

②　资料来自黄焕先生提供的1963年共青团罟帆大队总支部委员撰写的罟帆大队史材料。

③　讲述人：陆莲，62岁，红卫小学退休教师，访谈地点：红卫街道旁，访谈时间：2016年8月26日。

民与原来的陆上居民的社会关系。疍民原有的通婚圈开始被打破，陆续有很多农村的姑娘嫁到红卫，使得硇洲岛的疍民群体与岛内的居民建立了一系列的社会关系网络，同时由于新中国成立后疍民的社会流动受到限制，疍民也越来越少跟岛外的人通婚。

5. 信仰体系的重构

疍民在新中国成立后上岸居住，在神灵的信仰体系上也发生了一定的变化。新中国成立后，在岸上居住的疍民，开始在家中供奉神灵。与此同时，疍民开始与岸上的人共同供奉一个庙里的神。疍民由北港迁往南港，他们不能再去拜原来港头村的镇天府庙的吴三七神，于是便跟着淡水人一起拜当地的水仙宫的神。

> 我们从北港迁下来以后，离以前的庙太远了，我们就在拜水仙宫里的神。刚开始的时候，也没有很多人拜这个神，我们红卫很多人家里都供奉有自己家拜的神像。后来渐渐拜的人开始多了起来，于是我们红卫的人就和他们淡水人一起来管理和维护这个庙。就是每年通过道士掷杯选出 12 个人做庙的福首，今年我们就是福首。"文化大革命"的时候，上面不让拜神了。现在这个庙是 80 年代后期才重新建的。①

李阿婆说的"福首"就是这一年负责管理庙里的相关事物并组织庙会的人。每年选 12 个人，按月轮值，碰到神诞等活动，所有福首都要参与做事。在雷州半岛，很多村落都实行这种轮流的祭祀神灵的方式。并非所有红卫人都参加供奉水仙宫的轮值活动，很多红卫人更认同自己拜的那个大神，有的红卫人更愿意去参拜津前天后宫的妈祖。除了拜水仙宫的神，他们还去拜当地土地庙的神，在他们之前的信仰神灵的体系中是没有土地神的。

新中国成立后到改革开放前这段时期，在国家强势话语权力主导之下，疍民的社会组织结构发生了很大变化。疍民被纳入国家统一的户籍管理之中，成为定居的居民，并建立了一个相对稳固的渔业社区。疍民间原有的阶层分化被打破，传统自发的渔业互助组织被强大的国家政权所取代。疍

---

① 讲述人：李阿婆，65 岁，女，红卫人，访谈地点：淡水水仙宫门前，访谈时间：2016 年 6 月 17 日。

民的社会地位显著提高，大量底层渔民的生活得到显著改善。随着上岸居住，疍民原有的通婚圈被打破，社会关系网络变得更加复杂多样。国家权力对疍民原有的社会进行了重新整合，通过高度整齐划一的集体化生产和生活方式、社会公共活动空间的建造，原本处于松散的社会组织之下的疍民被有力地凝聚到一起，产生了强烈的集体认同。

（三）改革开放后的疍民社区变迁

1. 渔业改制与渔民生计模式的变迁

改革开放后，随着国家由计划经济体制向市场经济体制转轨，渔民又重新回到了体制外。渔民的生计模式也开始变得多样化。与农村的家庭联产承包责任制相比，渔民的改制来得较晚一些。红卫渔业社区在1983年9月，成立了湛江市郊区淡水镇红卫渔业公司，这是一个集体化的企业。渔民开始享有一定的生产自主权，公司化经营意味着渔民要自负盈亏，同时需要有很多的管理者。由于缺乏有效管理，硇洲岛渔民开始在20世纪80年代后期解散公司，转而变成个人单干。这样，渔民又回到了新中国成立前那种自给自足的生产模式中。到1985年，国家鼓励国营、集体、个人多种生产经营方式。硇洲红卫渔业大队也开始进行集体化改革，由集体经营变成了个体单干。

当时渔民自己拥有了生产工具和生产自主权后，渔民的生产积极性确实比以前提高了很多。有船的那部分人，在分到船最初的那几年，很快就变得富裕起来。没分到船的，只能自谋生路。这部分人，有的后来与他人合伙造船出海，有的只能到其他船上打工，有的转而从事海洋运输或者自己从事其他的一些与海相关的职业，还有一部分人索性就退出了渔业，转而从事其他行业。渔民的生计模式开始变得多样化起来，阶层分化也开始越来越明显。

2000年以后，随着海洋的渔业资源日渐衰竭，而人工成本和柴油成本以及船本身的维护成本却在不断提高，使得大船作业成本太高，如果按照常规的方式出海捕鱼根本赚不到多少钱，有的甚至还出现亏本，所以疍民为了还贷款和出海不亏本只能卖掉大船转而改为小船钓鱼。小船钓鱼的成本低廉，加上人们对活的海鲜需求增大，反而小船能保证每月都有不错的收益。这个曾经以大船深海捕捞为主要生计方式的渔业社群，开始逐步转变他们的生计模式。据现在红卫的吴建华书记介绍，这个原来岛上最大的渔业社区现在只剩下 6 艘大船还在出海捕鱼，而在它最辉煌的 20 世纪 90 年代中期有 135 艘大船。而年轻一代的疍民，几乎无人再从事海洋渔业。

2. 公共空间的衰落

改革开放的到来意味着集体化时代的结束、国家权力对地方社会控制力的减弱，这使得原本没有太强内在凝聚力的疍民很快又从高度集体化和统一化的社会组织关系退回到自由松散的弱组织关系中。原本的作为社区公共空间的球场大空地，也被逐渐扩张的房屋所挤占，只剩下一个球场的位置，平时也很少有人会在那里活动。现在的红卫社区跟很多中国的乡村一样，年轻人大多出去外面做工，而社区之中主要是以老人和小孩为主体，而这些老渔民因为在老了以后并未得到多少社会保障，对社区的认同感也比较低。

3. 宗族意识的觉醒

红卫的各个姓氏之间是散居状态，据红卫现在的书记讲，红卫总共有 26 个姓，其中姓吴梁周李黄的占大多数，尤其是姓吴的人口最多，有近 2000 人。这些姓氏的人都是杂居在一起的，同一条船上的船员也是由不同姓氏组成的。吴姓的宗族近年来也在开始试图建立自己的族谱。

> 在十几年前，海南和电白那边的吴姓的人说要搞族谱，想把硇洲岛的吴姓人加进去，但是后面大家也找不到一个历史依据，最后也就没搞成。因为没有相关的文字记载，我们不知道到底是从何时何地迁到硇洲，祖先又是谁。在我们的神主牌位上，只能记到四五代祖先的名字，前面的就记不得了。除了清明节祭祖的时候，吴姓的人会一起去拜山，平时就是各自在家里拜祭自己的祖先。拜山因为人比较多，现在也是分批去了。①

由于没有祠堂，红卫人并没有一个共同的祭祖仪式，清明拜山也就成了他们维系宗族认同的唯一途径。他们拜山的程序是，大家先集体去拜祭岛上最老的那个祖先，然后再按照下面的分支依次分开来拜山，最后慢慢

---

① 讲述人：吴伯，83 岁，红卫社区渔民，访谈地点：吴伯家门口，访谈时间：2016 年 6 月 20 日，下午 5:30。

拜到离自己血缘关系最近的那个祖先。虽然没有文字记载的族谱，但是这样的方式，也是在传承家族的谱系。

四 结论

通过上文对疍民社区变迁的描述我们可以看到，新中国成立前的疍民社会由于其生存方式的流动性和独特性，它更像是一个"社会"而非"共同体"，他们更多是以利益和契约为基础的社会联系和组织方式，而非以血缘、地缘和信仰为依托的共同体。新中国成立后，疍民在外在的国家力量的影响下开始上岸居住，生存方式由漂泊到定居。定居的生活方式使得疍民开始对硇洲岛形成一定的地方感（sense of place）。所谓地方感是指个人和群体依靠体验、记忆和依恋对地方产生的深厚的依附感①，地方感表现的是社会层面上身份的建构与认同的形成。对于能够使人产生强烈感情体验的地方，人们往往有强烈的依恋感，而这种情感上的依恋又逐渐成为"家"这一概念形成过程中最为关键的元素。有学者指出地方感作为一种社会与文化的建构，从来都不是稳定或一成不变的，而是可以不断被创造、被操纵的。随着经济、文化、社会的不断转型，以及社会关系的相应改变，地方感被不断重构，被赋予新的含义，地方感体现的是一种文化建构的过程。② 硇洲岛的疍民在集体化时代能因国家的力量被高度整合，形成一个具有较高社会凝聚力和身份认同的社群的过程，也是其地方感被建构和再造的过程。除了受到外在的国家力量对于疍民社区的形塑和再造，疍民自身在上岸之后也在积极融入当地的信仰体系和社会关系网络，逐渐形成一个以信仰为核心的共同体和以通婚圈为纽带的社会关系网络。硇洲岛的疍民并非没有宗族意识，他们虽然没有修建祠堂，但是改革开放之后，通过修族谱以及在清明祭祖的仪式活动来传承家族的谱系。从硇洲岛的疍民社区再造历程我们可以发现，社区之所以可能被再造，一方面依靠强有力的外部国家力量作为拉力，另一方面社群自身能动性也是一个重要的推动力。

---

① 约翰斯顿等：《人文地理学词典》，柴彦威等译，商务印书馆，2004，第 637 页。
② 朱竑、刘博：《地方感、地方依恋与地方认同等概念的辨析及研究启示》，《华南师范大学学报》（自然科学版）2011 年第 1 期，第 1~8 页。

中国海洋社会学研究

2020 年卷　总第 8 期

第 86~94 页

© SSAP，2020

殖民侵略、生态扩张与欧洲的大航海时代[*]

王书明　王　玥[**]

摘　要：大航海时代的欧洲扩张在殖民和贸易扩张的过程中，对"新世界"地区的物种引入和生态改变在一定程度上产生了多样化的影响，改变了其所到之处的生态系统和社会结构，甚至彻底摧毁了一个地区的原生环境和人种、文明，是一场生态扩张与殖民侵略的双重浩劫。在当今全球化时代，我们主张世界的互动与交流应该采用和平友好的方式，避免战争和掠夺，防止生物多样性的丧失，平等互助地建设生态多样化的文明社会。

关键词：生态扩张　殖民侵略　欧洲扩张

从环境变迁的视角来看，大航海时代的欧洲殖民和贸易扩张，对"新世界"地区的物种植入和生态改变产生了多样化的影响，促进了区域生态的丰富性，提高了某些落后地区的生产力，但改变了其所到之处的生态系统和社会结构，甚至彻底摧毁了某些地区的原生环境和人种、文明，是一场生态扩张与殖民侵略的双重浩劫。在全球化时代，我们主张采用和平友好的方式进行全球交流，避免战争和掠夺，防止生物多样性的丧失，秉承"和

---

[*]　本文系国家社科基金重大项目"中国海洋文化理论体系研究"（项目编号：12&ZD113）阶段性成果；山东省社科规划重点项目"山东半岛蓝黄经济区生态文明建设研究"（项目编号：12BSHJ06）/山东省社科规划重点项目·习近平新时代中国特色社会主义思想研究专项"习近平新时代生态文明建设思想研究"（项目编号：18BXSXJ25）阶段性成果。

[**]　王书明，中国海洋大学社会学研究所教授，主要研究方向为海洋社会学与海洋政策、环境社会学与生态文明建设；王玥，中国海洋大学社会学专业硕士研究生。

平、友好、互动与交流"的宗旨，平等互助地建设生态多样化的文明社会。

一　大航海时代的欧洲扩张造成了自然生态与社会生态的双重灾难

大航海时代欧洲国家的殖民活动和贸易扩张是其在内部资源饱和状况下的海外侵略之路，"欧洲命运引人注目的改变——这不仅要去改写世界的政治地图，而且将广泛地控制世界的资源"[①]。从环境史的视角来看，欧洲扩张是一次充满掠夺性的浩劫，是一种生态扩张。

（一）　大航海时代欧洲在"幸运诸岛"的扩张

"幸运诸岛"是指包括加那利群岛和与伊比利亚及摩洛哥对过的其他群岛——马德拉群岛和亚速尔群岛等岛屿。之所以被称为"幸运诸岛"，即"有福的列岛"，是因为其优越的地理位置使诸群岛都有较好的自然生态条件，土壤肥沃、物产丰富，是极具潜力的幸运之地。西班牙和葡萄牙是最早向东大西洋探险的国家，由此开始了欧洲人海外扩张的漫长时期。在1336年，西班牙人兰萨罗特·马洛塞罗便随前人足迹到达了加那利群岛，在14世纪，意大利人、葡萄牙人、马略卡人、加泰罗尼亚人等其他欧洲人便开始了对"幸运诸岛"的探索与扩张。

在"幸运诸岛"中，马德拉群岛和亚速尔群岛起初都是几乎无人占领的群岛，亚速尔群岛早先作为他们从加那利群岛或西非回国返航途中的枢纽，路过的欧洲人"顺手"留下的绵羊在这个没有天敌的环境里迅速泛滥，之后小麦、菘蓝等作物在这片沃土上的广泛种植也成为欧洲人的财富来源之一，但当时最值钱的货物——糖，其原料甘蔗却无法在亚速尔群岛的土地上成长，欧洲人便把种植糖类原料作物的目光投向了马德拉群岛。

马德拉群岛包括马德拉岛和波尔图桑托岛，在14世纪20年代，头一批来自葡萄牙的定居者将兔类在波尔图桑托岛的放生使得兔子在当地大爆炸性地繁殖，导致当地植物被众多的兔类啃食，以致消失、灭绝，当地的动物也因缺少食物和覆盖地面的草木而灭绝，岛内生态系统被破坏，但之后

---

① 克莱夫·庞廷：《绿色世界史》，王毅等译，上海人民出版社，2002，第141页。

的史实不得而知，因为欧洲人面对无法解决的"兔群"爆炸只得移居马德拉岛。马德拉岛被称为"没有一英尺土地不是完全被大树覆盖着的岛屿"。木材虽然是有价值的出口商品，但由于马德拉岛的树林实在太多，而移居者迫切需要用比商业采伐更快的途径来为他们自己、为他们的作物和牲口清理出空地，在与自然的"互动"中，在把自然资源作为索取对象的观念支配下，他们选择了一种最糟糕但也是最快捷的方式——放火烧荒。在大火中，众多物种消逝，环境破坏严重，当地人的家园被毁，其惨状难以想象。马德拉岛本以当地树林为特色、以当地语言的"树林"——即"马德拉"命名，而马德拉岛的树林自那场大火之后也再没有恢复元气。在亚速尔群岛无法生产的糖类在这里取得了爆炸性的成功，糖厂的建立、各个庄园的兴起造就了当时的产糖中心。而随着种植园的扩大，对甘蔗工人的需求量在不断地增长，到了 14 世纪末，奴隶成了该岛中不断被提及的话题。但这些奴隶起初不是在世界历史记载中被商品化后形成的巨大产业链中的黑奴，有相当一部分是加那利群岛的原住民。这种资本主义扩大生产的社会需求致使生态变化，又牵连了社会流动，加那利群岛的变化也是最典型的代表之一。

加那利群岛由 7 个岛屿组成，它是"幸运诸岛"中唯——个有常驻居民的群岛。由于原住民缺乏先进的金属武器和统一的语言，在以葡萄牙人和西班牙人为首的欧洲人对其不断进攻下，加那利群岛终于沦陷。由于加那利群岛的 7 个岛屿之间没有统一的语言和稳定的合作交流，欧洲人经常可以从一个岛屿雇用奴隶去进攻另一岛屿，对他们进行人口消耗，这使得加那利群岛的男性人口大大少于女性。这样的战争消耗以及奴隶商贩收罗用于种植园劳动的工人，使得当地人口数量和结构都发生了变化。另一方面，从环境史的角度来看，欧洲人带去的新物种对当地的生态也有不可忽视的影响。欧洲人的"马"使其在战争中取得了极大的优势，"马"作为加那利群岛的新物种，因当地人并未见过诸如此类、相比之下较为高大的生物，欧洲人便借助当地人对"马"的敬畏使其让出了他们的粮田和牲口群，这必然造成难以约束的生态动荡；战争使得当地男性人口减少，整体人数消减，战争产生的尸体和物种的引入等复杂因素也使当地发生了瘟疫，在一片从未暴发过疾病的原始地带，瘟疫几乎是当地人战败的决定性因素。在欧洲人取胜、成为加那利群岛的统治者后，大量欧洲原有物种被引进。由于自然条件优越，多数新引进的外来者都发育良好，动物尤其繁衍得引人注目，兔类占满了整个岛屿，驴子消耗大量的青草和绿植以至于对其他物种充满了威胁。为了解决这种不平衡的物种发育，他们又杀掉驴子喂食乌鸦、引进新物种抵抗某些物种的无限制繁衍，这使得加那利群岛的生态系统越来越混乱不堪。森林的砍伐也加剧了这场生态入侵对岛屿的侵蚀，造成山洪暴发、饥荒等，加那利群岛的降雨量也大大减少，当地人失去了他们的土地及谋生的手段，成为欧洲人资本增值的最底层被剥削者，游荡各方，与其他人"结合"，直至历史上没有了他们的种族记录①。欧洲入侵者人为造出的"新世界"逐渐生产出来，却牺牲了当地生态与原住民的人种与文明。

（二）大航海时代欧洲在美洲的扩张

美洲的圣多明各是哥伦布最早发现的岛屿之一，当西班牙人初至此地时，这里的人口大约是 100 万人，短短 40 年的征服，经历了严酷的剥削、奴隶制和因欧洲疾病所造成的许多死亡之后，最后只有几百位当地人存活了下来。当西班牙人于 1519 年征服了阿兹台克后，当地人口从 16 世纪早期的大约 2500 万人减少到 1550 年时的 600 万人左右，而到了 1600 年左右时，则只剩下了大约 100 万人。在数千年时间中发展起来的复杂文化无法承受这样的灾难性损失，人们无法承受这样的灾祸，他们的生活方式和信仰破碎了。在存活下来的当地人中，有许多人成了奴隶。②"奴隶"一词在 17～18 世纪代表欧洲人的财富，却是其殖民地的苦难和环境灾难。当地居民沦为被支配的群体，其家园的土地、资源被无节制、无道德地大肆开采挖掘，美洲金银产地的发现，当地居民被剿灭、被奴役和被埋葬于矿井，东印度开始被征服和掠夺，非洲变成商业性猎获黑人的场所，这一切都标志着资本主义生产时代的曙光，这是马克思对这一时代特征的批判性概括。

（三）大航海时代欧洲在太平洋各地的扩张

对于太平洋各地的土著民族来说，欧洲人干涉的后果是同样严重的。1768～1771 年，詹姆斯·库克船长乘"奋进号"首次远航，其主要目的是

---

① 克罗斯比：《生态扩张主义》，许友民等译，辽宁教育出版社，2001，第 66～114 页。
② 克莱夫·庞廷：《绿色世界史》，王毅等译，上海人民出版社，2002，第 131～181 页。

观察金星凌日，以此推进航海活动极为依赖的天文学的发展，塔希提岛被选为库克船长的目的地。与库克同行的 8 名自然学家中包括时年仅 25 岁的约瑟夫·班克斯，他当时已是英王乔治三世的顾问和此次探险的赞助者英国皇家学会的会员。他的同事说，"从来没有人出于研究自然史的目的，像这次一样以第一流的配备出海。他们拥有一座很好的自然史图书馆，他们有各种用来捕捉和保存昆虫的设备，各种各样的网、拖网、旗子以及钓珊瑚礁鱼类用的钩子……"①。在此次探险期间，他们收集了数以千计的服饰、装饰、武器及动植物标本，包括此前尚未为科学界所知的 800 多种植物的标本。"奋进号"在塔希提岛停留了 3 个月。在岛上，他们成功观测了金星凌日，但也侵犯了当地环境和社会。1773 年，当詹姆斯·库克船长第二次登上这个岛屿时，他开始为欧洲人对当地民族所造成的影响感到忧虑了。他在航海日记中写道："我们使得他们的道德堕落，倾向于恶习，我们在他们中间传播了欲望和种种也许他们以前永远都不会知道的疾病，如果有任何人想要否认这个事实，那么不妨让他来说一说整个美洲地区的那些土著民族从他们与欧洲人的贸易中究竟得到了些什么。"② 那些粗暴的捕鲸船员们登上了这个岛屿，他们给当地带来的是卖淫、各种性病和酗酒等恶习与社会秩序混乱。如果说这只是一些略带冲击的困扰，那么 1797 年后到来的第一批传教士永久性地破坏了岛民们的生活方式。当地的宗教和塔希提音乐都被废止，纹身和植物花环的佩带被禁，当地人被迫穿着欧洲人的服饰，从事欧洲人的资本掠夺商业——榨取椰子油以供出口的工作。当地人口急剧下降，当地的文化也逐渐衰落，传教士不仅想要他们的"灵魂"，还想要他们的劳动力和他们赖以生存的环境家园。生态扩张和殖民侵略是一个问题的两个方面。

（四）大航海时代欧洲在非洲的扩张

当葡萄牙人沿非洲海岸航行之后，在最初的 300 年中，奴隶贸易是欧洲与非洲之间联系的主要方式，经济剥削一直是这种关系的核心。与土著美洲人和太平洋地区的居民不同，非洲人生活在一个许多疾病与那些欧洲疾

---

① 林肯·佩恩：《海洋与文明》，陈建军等译，天津人民出版社，2017，第 518 页。
② 林肯·佩恩：《海洋与文明》，陈建军等译，天津人民出版社，2017，第 519 页。

病相同的地区，所以并没有出现其他那些群体所遭遇到的因瘟疫暴发而造成的人口锐减。倒是外来的欧洲人受罪更多，特别是那些热带疾病造成的痛苦，但这并不能阻碍欧洲人的扩张，在那些欧洲人选择定居的地区，抢夺土地才是他们最大的诉求。在阿尔及利亚，2 万名法国定居者占据了 600 万英亩最好的土地，只给 63 万当地人留下了 1200 万英亩的贫瘠土地。在罗得西亚南部，5 万白人拥有 4800 万英亩土地，而 150 万黑人只有 2800 万英亩。在南非，占总人口 3/4 以上的黑人只拥有土地面积的 12%，而且几乎有一半是半干旱地区。当南非于 1919 年在国际联盟的委任托管下从德国手中接过了西南非洲的德国殖民地时，那里白人占总人口的 16%，然而他们拥有土地的 60%，其中包括了所有最好的耕地、矿产资源和港口。① 那些不够发达的社会受难最大，尤其是阿兹台克和印加帝国，还有世界各地那些仍然以采集和狩猎或者是原始农业为生的土著民族。在欧洲的压力之下，许多当地的社会，不是被有意地毁灭，就是分崩离析。一个不容争辩的事实就是那些当地民族失去了他们的土地、他们的生计、他们的独立、他们的文化、他们的健康，而且，在绝大多数情况下还有他们的生命。尽管在具体做法上有所不同，欧洲人在这一过程中的通行做法就是不顾当地的生存方式，急迫地、过分地掠夺当地的土地和人民。在每一个大陆，如北美和南美的印第安人、澳大利亚的阿布里吉人和太平洋岛屿上原住的那些居民，都发现他们自己的社会在欧洲人的入侵后崩溃。

欧洲人入侵之后，那些土著民族因他们所带来的瘟疫疾病、酗酒恶习和压迫剥削，出现了很高的死亡率，还有社会瓦解和当地文化的衰败。欧洲人先天的优越感，以强烈的种族主义表现出来。尽管有些欧洲人在其中做出了文化交流和科学传播，很努力地通过卫生和教育去改善当地人的生活，但其方式是不平等地强迫当地人以欧洲的观念与方式去行动，这并不是尊重文化多样性的做法，仍旧是某种意义上的侵略。其中有许多做法破坏了当地的文化，导致了当地的文化衰败。欧洲人的海外扩张，为其打开了巨大的新天地，也对世界的植物区系和动物区系施加了破坏性的影响，生态扩张和殖民侵略是一个问题的两个方面，在有意或无意的生态扩张中进行着殖民侵略，又在殖民侵略中进一步生态扩张。至此各种经济社会关

① 克莱夫·庞廷：《绿色世界史》，王毅等译，上海人民出版社，2002，第 131～181 页。

系被重新改写，强势的欧洲掠夺性地对其他经济体系进行操纵，让它们来生产货物，生产欧洲人想要的货物。与此同时，欧洲人的社会观念诸如市场至上、资本主义、权利等也开始支配这个世界。

二　"新世界"生态系统被"欧洲化"

欧洲大航海不仅带来了地理学上的重大突破，而且开辟了许多新的航路，促进了各大洲之间的沟通。其在殖民和贸易扩张的过程中，对"新世界"地区的物种输入和生态改变也在一定程度上产生了多样化的影响，改变了区域生态的"结构"，提高了某些落后区域的生产力。

（一）"新世界"物种被"欧洲化"

欧洲人在对外扩张的时候实际上采取了生态先行、环境为先的侵略策略，在其进行占领前，欧洲人带着"旧欧洲"的作物和物种登上新的陆地，但他们到达非洲和亚洲时并没有使其欧洲化，因为当地的生态环境使得"旧欧洲"的作物和物种败下阵来。而美洲、大洋洲在气候环境及社会发展上可谓是欧洲扩张的天堂，当欧洲人带来"旧欧洲"的作物与物种安定下来时，美洲和大洋洲的生态环境和物种样貌发生了翻天覆地的变化，可以说是两个生态系统——"旧欧洲"的生态系统与当地原生生态系统的融合。欧洲扩张者带着作物和牲口来到美洲和大洋洲，他们拓荒和放牧的行为严重影响了当地的原生生态，人为砍伐当地森林以拓荒，当地的植物被牲口连根吃掉，当地植物式微，而欧洲拓居者带来的"旧欧洲"的物种却有意无意地迅速蔓延，成为"旧欧洲"牲口的重要饲料，一个复合式的新生生态系统便在气候和生态环境比较适宜的美洲和大洋洲诞生。"如果欧洲人带着 20 世纪的技术却没带上家畜到新大陆和澳大利亚，那么他们所造成的变化就不会像带上马、牛、猪、山羊、绵羊、驴、鸡、猫等到来所造成的变化大，因为这些动物是自我复制者，它们可以用来改变环境，甚至是大陆环境，其效率和速度优于我们迄今为止已设计的任何机器的效率和速度。"[①] 扩张者带来的家畜，无论是驯养的还是经过新大陆更天然的环境而野化的，

---

① 克罗斯比：《生态扩张主义》，许友民等译，辽宁教育出版社，2001，第 66～114 页。

都在"新欧洲"地区生长得很好，其数量和活动范围也在不断地扩大，一个复合式的新生生态系统因为欧洲扩张而形成。美洲和大洋洲如今在某种意义上已成了全世界的"粮仓"，不包括美洲和大洋洲的本土消费数量，每年从这两大洲出产并航运到欧亚大陆的小麦、大麦、黑麦、牛羊猪肉数量在全世界都不可小觑，其农业出口总值占了世界的30%，但在500多年前，美洲和大洋洲并不出产上述任何一种作物或牲畜。

（二）自然界的生产方式被"欧洲化"

欧洲扩张的环境先行不仅在客观上改变了全球生态的结构，形成了一个复合式的新生生态系统，而且在事实上提高了当地的生产力。人类社会的存在和发展，离不开自然环境和物质资源。"人类的行为塑造了一代接一代的人类和不同的社会居住于其中的这个环境。许多这样的行动，它们背后的驱动力非常简单，那就是需要。随着人类人口数量的逐步增长，需要给他们以食物、衣物和居所。"① 而欧洲扩张的目的就是获取更广泛的人类生存资源，在"新世界"地区所形成的复合式的新生生态系统及其生产技术，在一定程度上说明了资本主义生产方式具有更高的生产力水平，给当地社会带去了更深刻的利用自然资源的观念和方式；一些特殊的物种无意间实现了提高生产力的效果，如作为土壤生态系统工程师——蚯蚓的取食、掘洞和爬行等活动对土壤微生态具有重要的调控作用，既可以改善土壤环境，又可以强化土壤生物群落功能，对土壤的渗透率有巨大贡献。欧洲扩张无意中在美洲引进了新物种蚯蚓，在生态环境上改善了粮草的种植，提高了农业生产力。

三 结论与讨论

大航海时代的欧洲扩张在殖民和贸易扩张的过程中，对"新世界"地区的物种引入和生态改变在一定程度上产生了结构性影响，客观上改变了全球生态的多样性结构，提高了某些落后地区的生产力，但改变了其所到之处的生态系统和社会结构，甚至彻底摧毁了一个地区的原生环境和人种、

---

① 克莱夫·庞廷：《绿色世界史》，王毅等译，上海人民出版社，2002，第131~181页。

文明，是一场殖民侵略与生态扩张的双重浩劫。欧洲对待殖民地的思想源于社会发展的资本逻辑[①]。马克思曾经对"资本"做出明确的论述："资本不是物，而是一定的、社会的、属于一定历史社会形态的生产关系"[②]。大航海时代形成的"海缘世界"是以欧洲为中心的利己主义世界体系[③]，在这种生产关系中，存在着跨区域、跨阶级的"剥削"。在欧洲扩张的活动中和欧洲的资本贸易链里，被剥削的是本地的土著、作为奴隶的劳动力，"欧洲人"支配着"土著人"。资本最主要的属性就是把一切都变成有用的体系，这场"欧洲人"与"土著人"的"互动"体现了这种支配性的社会运作逻辑，这样的社会运作逻辑同样使得自然界丧失了自身的价值而成了一种单纯的工具，人们无止境地利用自然资源和无止境地向自然界丢弃垃圾，而自然界的许多资源是不可再生的，自然界所能接受废品、垃圾的空间也是有限的，这样也必然会带来资本主义生产和消费无限扩大与自然界承载能力之间的尖锐矛盾。

大航海时代的欧洲扩张活动消减了当地人口甚至消灭了当地的文明，压制剥削当地经济、肆意破坏当地环境、严重压抑了当地自主的原生社会的发展。在当今的全球化时代，我们主张和平友好地交流与互动。虽然大航海时代的欧洲扩张客观上促进了全球物种的交流，改变了全球各地的生态环境，但其扩张在本质上是不人道的侵略行为，是必须批判的。当今时代，必须秉承构建"人类命运共同体"的理念，和平、友好、平等互助地建设生态多样化的文明社会。

---

① 陈学明：《资本逻辑与生态危机》，《中国社会科学》2012 年第 11 期。

② 王书明、董兆鑫：《"海缘世界观"的理解与阐释——从西方利己主义到人类命运共同体的演化》，《山东社会科学》2020 年第 2 期。

③ 《马克思恩格斯全集》第 25 卷，人民出版社，1975，第 120 页。

中国海洋社会学研究

2020 年卷　总第 8 期

第 95～108 页

© SSAP, 2020

传统的脆断：一种渔村流变的解释框架

——基于桑岛村的实地调研

王钧意*

摘　要：海岛渔村同中国其他乡村一样接受着以儒家思想为载体的传统生活规范，这种生活规范是以自然经济与宗法制度为主要特征所呈现的。它是一个以中国传统的血缘关系和地缘关系为依据，以联合家庭、骨干家庭为基本面，以差序格局为基本结构，以父子关系为轴心，以孝为主要运作手段的稳定伦理系统。桑岛作为一座四面环海的岛屿接受着中国传统伦理纲常，然而其特殊的区位使得其失去了传统陆源农村接受现代理念的地理优势。在这个传统的乡土社会中，儒家思想是最基本的信仰，而信仰正是维系日常生活惯习的基石。但这种单一信仰的情况也发生了改变。本研究就想从此打开一个突破口，详细地探究渔村流变的表象和逻辑内涵，在此基础上对未来海岛渔村的发展提出一定的指导性意见。

关键词：传统的脆断　儒家思想　话语秩序

中国传统伦理是一种"宗统""君统""道统"三位一体的复合式伦理结构，这种伦理结构塑造了中国传统农村的聚落模式——联合家庭，而维系这种联合家庭的精神支柱正是中国"儒表法里"的三纲五常。三纲五常

---

* 王钧意，中国海洋大学国际事务与公共管理学院社会学专业 2018 级硕士研究生，研究方向为海洋社会学。

无论是在形式上还是实质上都促进了中国家庭走向"家族聚落"，在维系婚姻方面趋向于三纲五常中的"夫为妻纲"，进而趋向于一种保守和择一而终的价值取向。海岛渔村自上而下接受着中国较为原始的传统伦理观念，无论是岛内渔民的行动惯习还是生活场域都保留了较为深厚的传统。海岛渔村的半封闭性使得当地渔民接受现代观念时产生一种迟滞效应，而这种迟滞效应呈现了桑岛渔村同城市以及陆源农村之间的时间裂缝式的反差。原先研究者一度认为桑岛是一个典型的渔业传统社会，具有传统家庭的水产养殖业和近海捕捞业相结合的自给自足的自然经济模式。由于生产力不发达，联合家庭是这个社区社会从物质生产、人类自身生产、天人关系以及相对应的人际关系生产到精神生产的基本单位。① "宗统"成了维系海岛渔民庞大家族的精神支撑，岛上渔民将自己逝去的先祖安葬在小岛北部，每到清明，他们都会前去祭拜。

桑岛四面环海，岛内渔民接受异质理念的方式只有主动输出和被动输入两种方式。从研究者们的实地观察来看，桑岛的传统惯习和生活场域依然占主流，我们透过表面观察了解到目前桑岛传统惯习甚重，岛内渔民的表面生活场域依然是一团传统的迷雾。然而通过一次结构化访谈我们得知岛内有一户人家完全放弃了传统宗法统治理念，也放弃了"家天下"的家族理念，更摒弃了中国祭祖的固有祭拜惯习转而将自己的信仰投向了外来正式化宗教——基督教。值得一提的是，这户人家也是岛内唯一一家离异再婚的重组家庭，他们先前的联合家庭也早已分崩离析。透过这一户人家对传统婚约的弃约以及对传统信俗的摒弃可以看出岛内的传统生活场域已经发生了脆性断裂。本研究将以此现象为理论基础，深入挖掘岛内传统的流变，并指定一个渔村流变的解释框架。

一　渔村流变的既定事实

改革开放以来，中国社会无论是农村还是城市都进入了快速转型时期。居住方式城镇化和思想理念现代化的同频共振加速了传统农村生活场域制

---

① 彭耘夫、程广云：《中国传统伦理文化与现代家庭本位建设》，《江海学刊》2019 年第 2 期，第 225 页。

度变迁和市场化的发展进程。① 渔村作为一种特殊类型的乡村自然也不例外，伴随着现代化理念的强势输入，桑岛渔村传统社会结构处于部分流变的状态。

（一）通向现代生活场域的理性化

乘着海岛旅游业以及互联网时代的东风，桑岛渔民的理性发生了深刻的嬗变。"靠海吃海"的传统生产方式迎来了转型的契机，渔民们利用互联网获取异质思想，接受着现代生活场域的形塑。传统捕捞业和水产养殖业的高投入与低回报使得部分渔民将自己的目光投向了其他行业。互联网以及新兴的海岛旅游业给予了岛内渔民二次就业的契机，渔民们充分利用互联网实现信息上的补足。虽然我国多数乡村尚不具备利用互联网的经济基础、文化基础以及现实性需求，但是随着物质水平的提升以及相应社区文化的发展，互联网的普及已经是势在必行。② 从直接效应来说，渔民们利用自媒体实现中国传统渔村生活模式的外在表露，这种表露在某种程度上契合了当下都市人返璞归真的想法。渔民们不断地通过"刷流量"的方式来获得一定的知名度以此来打造海岛休闲旅游的名片。最后通过海岛旅游业来实现利润上的提升和生产方式上的转型。从间接效应来看，互联网是渔民们接受现代话语秩序的最佳途径，现代话语秩序提倡自由主义以及重利性这些特点为岛内渔民所接受。从推拉定理来看，渔民自身也有这种转产转业的心理需求，这推动了渔民们走向经济理性，互联网的价值普适性更是将渔民们拉向了现代生活场域。

休闲渔业能够客观地带动产业结构的调整，同时也能强化互联网的价值普适性。海岛旅游业的兴盛使得岛内渔民以及对岸的城市居民产生经济理性的互动。越来越多的渔民为了实现自我利益的最大化选择了海岛旅游业，岛内渔民纷纷放下手中的船橹转而开始从事旅游业及其附属产业链。自从桑岛渔村向旅游型渔村转型，岛内渔民内部产生了一定程度上的功能分化，从先前同质性极强的近海捕捞业以及水产养殖业分化为海岛旅游业

---

① 李志强：《转型期农村社会组织：理论阐释与现实建构——基于治理场域演化的分析》，博士学位论文，吉林大学，2015。

② 行红芳：《互联网下的农村社区——对桑坡的实证分析》，《中州学刊》2004年第4期，第191页。

及其相关产业。实现产业结构调整的渔民主观动因是渔民想提升自己的收入，客观上却带来了岛内现代话语秩序的被动注入。而这种现代话语秩序较为突出的表现则是岛内渔民从先前的"大同之世"转变为如今的"各安其家"，现代话语秩序带来的现代场域最终导致渔村传统生活场域的脆断。

（二）植根于现代生活场域的话语都市化

桑岛在 21 世纪休闲渔业兴起前，从事渔业生产的人口始终在岛内占据主流地位。虽然近代工业早在 19 世纪后半期已经逐步传入中国，中国的一些沿海和沿江地区也因此而得到了发展，然而中国的整体工业化和城市化发展过程确实相对缓慢，现代话语秩序以及相应的现代生活场域融入乡村的进程更不及沿海城市。① 桑岛渔村经历了改革开放浪潮之后，不少岛内的年轻人选择到一些经济发达的地区从事高利润的生产工作；同样地，岛内还有一些"渔二代"看到了教育给他们带来的二次就业契机，因而利用高考避免了"子承父业"的现象；更有一些渔民看到了海岛旅游业的发展契机，因而纷纷放下手中的船橹而将自己的目光投向旅游业。改革开放对于桑岛渔村来说，其改变的基本面是基于教育、产业结构调整的综合权数。生产力的提升以及社会分化的带动作用使得海岛渔村人口不断地外溢，岛内人口老龄化趋势明显，核心家庭代替联合家庭成为岛内的现代化家庭模式。

借着海岛旅游业发展的东风，大量即时性旅游的旅客使得桑岛渔民同外界的联系交流增强，由外界游客带来的现代都市生活场域潜移默化地改变了桑岛渔村的传统生活场域。旅游及互联网的同频共振影响了海岛渔村社会角色，在渔村传统生活场域中，女性在家做一些基本家务，而男性则肩负着出海打鱼的工作。正是有海岛旅游业以及互联网经济的双重叠加，原先海岛内部传统生活场域发生了解构。

（三）缘起于话语现代化的生活现代化

伴随着现代话语秩序以及现代生活场域的注入，传统依靠"三纲五常"约束的行动也逐渐发生裂变，而这种裂变是由现代话语场域所导致的。岛

---

① 王跃生：《中国农村家庭的核心化分析》，《中国人口科学》2007 年第 5 期，第 39 页。

内原先的约束来自自然之神以及传统伦理双重管控，而随着现代科技观念的引入，岛内越来越多的渔民不再相信这些超自然的神力，而是将自己的目光投向科学。"神"和传统伦理的失效也给予公众参与一定的培养沃土。互联网同海岛旅游业的同频共振作用催生了岛内现代生活场域的内生动力。无论是海岛旅游业还是互联网社交，它们共性的特征是为人与人之间交互作用而展开一系列生产娱乐活动。互联网的时空分离特性能够让岛内渔民足不出户地接受外面的生活场域，而旅游业的对内输入作用也能让岛内渔民被迫地接受现代生活场域，而互联网以及旅游业的"元逻辑"就是参与意识。

随着岛内渔民现代话语秩序的觉醒，旅游业以及互联网协同作用促使渔民转变了工作方式，实现了产业结构上的转型和升级。渔民们为了保护好这来之不易的果实，不断地参与渔村内部的一些政事，以此来攫取自己的利益。在海岛旅游业兴起的大背景下，岛内渔民可以通过线上线下相结合的方式实现携有现代话语秩序的游客同携有传统话语秩序的渔民之间的持续互动。久而久之，这就形成了良性互动，而这种良性互动催生了岛内渔民的主人翁意识，他们基于自身利益的维护不断地参与着渔村自治的各种行动。"在一个以经济的市场化、政治的民主法治化、文化的多元化为时代标签以及整个世界日益信息化与全球化的现代社会里，政府治理的公开已经成为信息化时代与互联网时代背景下民主与法治建设的重要内容。"①这种参与行动最终可以透视出海岛渔村维系的"宗族力"和"神力"正在逐步瓦解。

二 渔村流变的解释框架

（一）渔民而非"愚民"理性意识的崛起

在桑岛渔村尚未引入现代话语场域的早期，由于岛内生产力及生产水平的低下，面对一些"变幻莫测"的自然现象，岛内渔民无法进行合理的解释，于是他们将这些自然现象的解释寄予超自然的神，所以就创造了岛

---

① 林华：《因参与，透明而进步：互联网时代下的公众参与和政府信息公开》，《行政法学研究》2009年第2期，第89～94页。

内一系列信俗和原始宗教。① 在桑岛这样一个半封闭的海岛，渔民仅能通过船只来实现对外交流，绝大多数渔民世代坚守"靠海吃海"的生活生产模式，建立了以血缘和地缘关系为纽带的传统渔村生活场域。随着改革开放的到来，从渔民思想角度的改观来看，岛内早期依靠血缘维系的"宗统"正在逐步被理性的运行逻辑所取代。

从生态理性的角度来看，在桑岛以及对岸的港栾码头，我们目前通过实地调研发现其周边的产业链全部都是第三产业。据岛内渔民所言，以往码头这边主要是一些轻工业，例如毛纺织业、材料加工业等。这些产业对当地的海洋生态环境污染巨大，甚至一度给当地的鱼类数量和种类带来一定程度的锐减。这些生态上的破坏一度给当地渔民带来了生计上的困难。21世纪初叶，由于海岛旅游业的客观需要，岛内渔民不得不向当地政府提出改善桑岛生态环境的诉求。随着海岛旅游业逐渐兴盛，这种呼声愈加强烈，要想实现海岛旅游业的良性运行就必须要保障好当地的生态资源。此后不久，港栾码头岸边的轻工业开始了产业转移。自从海岛旅游的概念引入桑岛以后，旅游业协同互联网为当地的海洋生态注入了强大的发展活力。旅游业同互联网的同频共振能有效地让岛内渔民接受一种异质文化，而这种异质文化将成为破裂传统文化的一个基点。最后渔民基于自身的价值取向选择生态理性来获取更多的经济报酬。

从有限理性角度来看，西蒙认为，面对复杂的生存环境，适应性要求人类必须能够适当简化对环境的分析，因为人类对环境信息的处理能力是有限的，而且随着社会的不断发展与社会分工的不断深化，社会环境信息数量更庞大、内容更复杂。为了克服未知风险、减少决策负担，必须降低对完全理性的依赖，转而寻求能够满足人类长期生存需要的次优方案。② 桑岛渔村的有限理性正是体现在传统同现代话语转型流变的过程中，渔民们部分摒弃了原有的传统思想观念转而对科学产生了较为浓厚的兴趣。

从经济理性来看，随着海岛渔村逐渐走向开放的市场经济，岛内渔民免不了进行对外交流贸易。从推拉定理来看，沿海地区的劳动密集型企业的用人缺口将成为"拉力"，把岛内的一部分青壮年吸引过来，这就是基于

① 王腾：《我国农民理性的嬗变逻辑及其生态理性的重塑》，《经济学研究》2019年第6期，第47页。
② 周雪光：《组织社会学十讲》，社会科学文献出版社，2003，第163页。

经济理性的劳动力转移；从岛内内生动力来看，岛内旅游业及其相关产业链的迅速发展正是基于渔民经济理性的选择。旅游业及其相关产业的高利润将成为有效的"推力"，将一部分岛内渔民留在岛上。

（二）现代话语秩序的萌芽

自从海岛旅游业及其相关产业引入桑岛以来，桑岛渔民不断更新自己的硬件和软件，以此来吸引更多的游客前来驻足游玩。从主观意愿来看，桑岛打造旅游之村的目的是提升当地渔民收入以及财政收入，以此达到岛内产业结构转型。从客观结果来看，引入海岛旅游业的确实现了渔村产业结构的调整，并在一定程度上解决了岛内一部分"失海"渔民的就业问题。但海岛旅游业的附加价值却在于，它不经意间将岛外都市的现代话语秩序以及现代生活场域带到了岛内，对岛内渔民而言这是一个他们接触外界文化的契机。岛内渔民为了追求可持续的旅游收入并不断置身于村落政策的参与过程，尤其是公众参与。可以说旅游业的附加价值给岛内渔民实现现代化提供了新途径。

海岛旅游业间接地重塑了岛内资源结构。在旅游业尚未被引入桑岛之前，桑岛渔民仅从事技术含量较低的水产养殖业以及近海捕捞业这两种产业。21世纪初期，岛内逐步引入了海岛旅游业及其相关产业，而后岛内逐步引入了休闲渔业，越来越多的渔民意识到旅游业给予他们的发展契机，他们也渐渐将自己的目光投向海岛旅游业。海岛旅游业能够获得持续性收入的前提是将桑岛打造成滨海旅游村落。由于先前岛内渔民只注重发展传统的近海捕捞业以及水产养殖业，因而岛内渔民尚未有相应的生态观念和意识。而如今桑岛想要建成生态旅游型海岛，就需要以现代旅游服务业倒逼渔民的现代化意识，从而实现渔村转型。

海岛旅游业直接促使岛内产业结构升级进而引入现代话语秩序。在20世纪，桑岛及其对岸的龙口市周边以轻工业为主，例如毛纺织业、材料加工业等。这些产业对当地海洋生态环境污染甚大，甚至一度造成当地鱼类数量和种类的锐减，给当地渔民带来了生计上的困难。21世纪，休闲渔业客观带动了岛内渔民同游客之间的互动，他们不断通过线上反馈和线下聚会的方式来影响当地政府的决策。因而，桑岛对岸的一些高排放、高污染企业逐步迁移。这就为桑岛海岛生态旅游业的持续发展提供了有序的保障，正是在这个基础保障工作之后，渔民们不断地参与岛内公共事务并不断完善海岛旅游业，同时也在不断地引入现代话语秩序。

（三） 半现代半传统状态的延续

半现代半传统是由保留与流变不同的结果取向所定调的，保留与流变以扭曲异化的形式存在着和联结着。保留是对过往传统的惯性延续，流变则是因外界场域注入渔村而使得渔村传统生活场域发生的一种脆性断裂。旅游业发展的原初动因在于它能引发新一轮经济结构的调整和优化，对于一座滨海城市而言，海岛旅游业是经济新的增长极。正是基于这样的目的，当地政府引入了海岛旅游业这样一个概念，后经实践发现，海岛旅游业客观地带动了岛内渔民转产转业的意愿以及现代化意识的觉醒。透过这种客观结果来看运作的过程，海岛就成了两种不同话语秩序发生共时性交流的场所。在这两种话语秩序共时性出现的场域中，以中国传统乡村秩序为首的能量场同以西方现代秩序为主的能量场发生碰撞，在这个碰撞的过程中，渔民作为旅游业的经营主体产生了一定的排异反应，部分渔民表现出了对传统的维护以及对这些异质文化输入的一丝担忧。然而基于自身利益最大化的考量，他们选择了向市场妥协，因而多数渔民在异质文化强势输入的过程中选择了流变。在这个流变的过程中，他们将原先的传统适时地融合了现代化的元素。

三　渔村传统脆断的逻辑内涵

海岛渔村虽然已经浸入了现代话语秩序以及现代生活场域的思维理念，但我们依据我们在桑岛的调研发现，整座岛屿上的渔民的生活仪式依然被传统所笼罩，就像一个密不透风的玻璃罩子，岛内渔民的生活习俗、话语秩序都受着传统惯习的强烈影响。惯习使得不同话语秩序中的行动者表现出相似的秉性倾向，而岛内渔民在我们的观察中尚且具备传统流变的因素。①

---

① 朱国华：《社会空间与社会阶级：布迪厄阶级理论评析》，《江海学刊》2004 年第 2 期，第 43 页。

（一）现代教育的熔断作用

布迪厄从文化社会学角度来解释当代都市文化以及知识分子的作用，在发达的城市社会中，精英学校取代世俗教会成为社会等级合法化的重要工具。理性和科学被统治阶级常规性地利用，来使他们的决策和政策正当化，通过教育自上而下地灌输，就形成了现代话语秩序。岛内渔民从小受"三纲五常"的影响，而"三纲五常"在教育上提倡"宗统"，这在本质上同科学理性产生了冲突。

岛内新生代渔民相应地号召，将自己的子嗣送往新式学堂接受教育。他们的子嗣接受了现代化教育，从小培养起科学理性的思维范式。而这种思维范式将会使岛内原有的话语秩序发生变化，待到这部分群体长大成人，渔村内部的话语秩序就会发生一定程度的反转。可以说，教育的熔断作用能使得岛内话语秩序以及生活场域发生理念上的历时性更替。

（二）舶来的宗教对传统的否定

根据研究者在桑岛的实地研究发现，岛内渔民的宗教意识比较淡薄。渔民倾向于将自己的信仰寄托在妈祖抑或是自己的祖先，因而在岛的北部我们会发现一座修缮的寺庙以及相应的墓碑。从这一点来看，岛内渔民比较重视现世生活，由于生产力的匮乏以及科学理性精神的缺乏，他们创造了一个拟人化的神，并以人与人的惯习来对待他们的神。[1] 追溯桑岛的历史，岛内渔民没有明确的宗教信仰，岛内渔民常常同自己故去的祖先以及妈祖"打交道"，这种扎根于广大渔民内心深处的信俗现象还是源于渔村社会中强大的亲族观念。岛内的民间信仰内容十分复杂，从对形形色色的超自然的信仰诸如妈祖，到对祖先的祭拜，涉及世界、人生的方方面面，形成了一个具有巨大影响的岛内亚文化体系。而这种信仰背后所体现的是岛内传统观念的惯性延续，中国传统伦理中倡导的"宗统"就是岛内民间信仰的价值来源。岛内民间信仰是对传统惯习的延续，从岛内北部分布的墓群以及妈祖庙可以发现，渔民依然保留着相当强烈的传统惯习。依据研究者在桑岛的中国社会状况综合调查发现，岛内有且仅有一户人家脱离了传

---

[1] 高师宁：《当代中国民间信仰对基督教的影响》，《浙江学刊》2005年第2期，第50页，

统信俗并将自己的信仰寄托在外来宗教——基督教上，且这户人家是岛内目前唯一一个离异再婚家庭。

岛内民间信俗内容繁杂，而其中以祖先的原始崇拜为信仰重心，这就印证了岛内渔民接受了较为深刻的中国传统伦理观念，集中表现为对宗族、家族、家庭极为看重且对原生家庭的浓重保留观念。我们通过一项对比可以发现，中国传统乡村的离婚率普遍较低，这同传统伦理倡导的保守、中庸观念是分不开的。

20 世纪 80 年代后，在中国的经济迅速发展的大背景下，中国传统伦理尚且不能满足民众们的内心信仰需要，因而一部分携有现代生活场域的中国公民接受了舶来宗教。但是桑岛内部依然是被中国传统伦理以及中国传统话语秩序包围的生活场域，岛内渔民虽然已经接受了现代生活场域但尚未完全接受。基督教所提倡的实用性与功利性是那位岛内信仰基督教渔民的内心所需。据我们对岛内渔民收入的调查了解到，桑岛渔民收入普遍较低，他们没有专业素养也没有强大的人脉关系帮助他们改变现状，这是岛内渔民转变传统信仰的诱因。根据研究者对这位信徒的访谈，我们发现她较其他岛内无宗教信仰的渔民而言有着较为浓重的自由主义思潮。

（三）人口结构的被动调整

人口流出是目前我国农村的共性人口流动现象，桑岛渔村作为农村的子范畴自然也存在这样的情况。改革开放以前，渔村当地的青壮年劳动力没有其他职业可以选择，只能被动选择"子承父业"。此时的生产力以及促使生产力发生革新的现代话语秩序尚未被引入海岛。而后的改革开放使得海岛当地实现了产业结构的调整以及渔民就业的多元化。桑岛对岸烟台龙口市第三产业发展高潮迭起，创造了大量就业岗位，吸纳了渔村的大量富余劳动力。

核心家庭化的趋势起步于 20 世纪 60 年代中期，桑岛渔村正在逐步从联合家庭走向核心家庭。由此可见，从 20 世纪 60 年代起桑岛渔民的家庭规模逐渐缩小并走向核心化。此外，20 世纪 70 年代的桑岛也受到了计划生育政策的影响，拉开了家庭继续小型化的序幕。然而此时的桑岛核心家庭的占比并没有增加，反而倒是有所下降。20 世纪 70 年代以后推行的计划生育政策对核心家庭的"维系"起到了政策上的铺垫。但岛内渔民依然有着"养儿防老"的生育观念，这使得渔民依然愿意生二胎甚至生三胎。这就使渔村出现了大量的男性劳动力。

人口移动一部分归因于传统种族观念的弱化。族内观念的嬗变起步于 20 世纪 90 年代，在传统乡村向现代工业社会转变的过程中，一些重要因素的变化直接冲击了乡村原有的社会结构。① 渔村较其他陆源乡村有些区别，渔村四面环海，因而失去了向现代工业社会过渡的契机。互联网以及海岛旅游业在桑岛转型过程中起到了不可忽视的作用。互联网的脱域性使得渔民们足不出户就能接收到外部信息和观念，进而引发岛内文化从单一走向多元，一定程度上改变了岛内渔民"离土不离乡"的传统观念。初级关系的地位在新生代渔民们心中不断降低，随之而来的是岛内新生代渔民结识了更多同好之人，即建立起强大的趣缘关系网络，在这种趣缘关系网络中人们的社会关系变得更加正式、非人化和科层化。在桑岛中，核心家庭也有亲戚，当然随着家族观念的淡化相互之间并不扮演重要角色，与过去广泛而有力的亲属关系相比，今天桑岛的族内观念削弱的程度更深了。

婚姻作为人口增加的前期铺垫自然对人口移动起到了不小的作用。婚姻观的渐变起始于 20 世纪 80 年代初期，岛内一批新生代渔民通过教育远离了哺育他们的渔村并在城市扎根，此外另有一批新生代渔民利用互联网以及海岛旅游业契机不断接触现代生活场域以及现代话语秩序。由于接受现代话语秩序的滞后性，在新生代渔民中既存在对传统保留的一面也存在对传统流变的一面。他们对于婚姻的诉求主要有门当户对，颜值、价值观的相投，较以往只注重岛内村落内部通婚有了较大的改观。

（四）身体意识的觉醒

在我国传统纲常中，"身体"曾经被我们人为地忽视。早前在桑岛，渔民仅仅是为了自身生存需要而不断地从事打鱼工作，在中国传统伦理影响下，岛内渔民久而久之产生了一种小富即安的心态。从马斯洛需求层次理论来看，他们打鱼只要满足日常生活所需即可，不存在自我价值上的需要。受到中国传统伦理思想的影响，渔民的自我价值、自我意识开始淡化甚至是泯灭。"存天理，灭人欲"在岛内一度盛行，岛内渔民就将自己打鱼的目

---

① 郭于华：《农村现代化过程中的传统亲缘关系》，《社会学研究》1994 年第 6 期，第 51 页。

的定位在满足自己日常所需的层面。

通过我们对桑岛渔民的访谈发现，岛内渔民收入高的有年薪百万，少的则仅有年薪数万。先前的渔村同中国传统乡村一样接受着较为原始的话语秩序，"阡陌交通，鸡犬相闻"是他们的日常生活，渔民们之间没有太大的收入差距。造成这种差异的本质原因在于身体意识的觉醒，身体不仅代表了自己自身，还代表了社会身份、社会地位、社会秩序、伦理道德等。身体逐渐演变为一种社会象征，这是我们用来形成自我、展现自我的场所。

身体作为个人叙述与文化对象的重要性与日俱增，岛内渔民的祭祀是以渔民为载体传承的，而渔民依据代际传统惯习积累不断地将习俗展示出来，这个展示的平台正是渔民的身体。由于海岛旅游业的发展需要，渔民为了扩大岛内市场化收益不断以自身为载体改变渔民原有的民俗以期符合大众审美。从原先传统固有关系来看，社会身体制约着渔民们对于自身物理身体的理解，然后通过旅游业对桑岛注入现代话语秩序以及促进渔民自身自由主义思潮的萌发，他们逐渐改变了以往对于物理身体的理解，充分发挥自身的主观能动性来改变原有的习俗以期符合桑岛市场发展的客观需求。

社会建构主体意识的认知正在逐渐萌芽，岛内女性主义意识正逐步发声。中国传统的"三纲五常"中的"夫为妻纲"禁锢了中国妇女的思想，妇女只能从事一些分内工作。然而随着改革开放的浪潮席卷全国，互联网以及海岛旅游业改变了岛内部分女性渔民的生活惯习。她们利用互联网的特性来对外展示自己的渔村生活，同时借助海岛旅游业的平台实现自己收入方式上的转变。一些女性渔民在比如力量、速度、强壮度等方面与男性存在差距，桑岛渔村固有惯习一向将女性视为弱势群体，并仅仅通过这些强度、立度维度来鉴别。① 对此，岛内部分女性通过外来时尚和现代话语秩序来向岛内传统证明，这种由社会建构主义所催生的时尚范式影响了岛内固有生活场域。

人类身体需要在日常生活中经常地、系统地得到生产、维护和呈现，因此身体被看作通过各种受社会制约的活动或实践得以实现和成为现实的潜能。② 传统渔民在桑岛这个舞台中扮演的是传统渔民角色，男性出海打

①　文军：《身体意识的觉醒：西方身体社会学理论的发展及其反思》，《华东师范大学》（哲学社会科学版）2008 年第 6 期，第 76 页。

②　安东尼·吉登斯：《社会理论与现代社会学》，社会科学文献出版社，2008，第 126 页。

鱼，女性售卖海产品。而在海岛旅游业以及互联网的席卷下，海岛传统生活场域发生了异变，而这种异变正是由人海关系、人海实践的重构所致。在现代化浪潮之下，渔民们基于理性人角度考量接受了这种现代话语秩序，并不断形塑全新的海岛生活场域。

四　结论与讨论

随着现代生活场域逐步渗入乡村，理性以及现代话语秩序进程不断深入，海岛渔村共同体的内部结构发生了巨大的变化，海洋渔村共同体的内外在功能也处在嬗变与有待重构之中。[①] 基于此，桑岛渔民开始了产业结构调整的摸索，透过我们对于桑岛的实地调研，我们发现渔民们接受了传统惯习。桑岛四面环海使得渔民无法实现市民化和城市化，桑岛渔村只能保留其原有的形态。21 世纪的信息革命以及休闲旅游业给予了海岛接受现代生活场域的条件，我们也的确通过渔民生产生活模式的历时性和共时性对比发现，渔民对于现代生活场域的行动取向有拒斥和接受的双重矛盾性，他们对于传统的态度既有保留的一面也有渐变的一面。从多数渔民的情况来看，我们发现发生在渔民身上的流变只是生产方式以及生活理念上的转变，而这些变化在研究者看来仍然是基于理性人角度浮于表面的流变，没有涉及他们自身思想，在涉及渔民自身精神力以及习俗方式方面，他们仍然选择了保留，对现代话语秩序以及异质文化产生了抵触情绪。渔民们作为海岛生产性行动的主体，通过以往经验建构而成的范畴来理会和感知各种外在刺激和制约性经验，而这种制约性经验恰恰是传统观念的体现。

然而，通过结构化访谈我们发现了一户人家完全摆脱了固有的信俗，这户人家放弃了原始信仰转而将自己的目光投向基督教，在某种程度上是因为乡村民间信仰非正式化地给予了基督教在乡村传播以一定的空间。

传统脆断从岛内信仰开始，逐步吞噬传统生活场域，并将其形塑成一个全新的现代生活场域，而在这个形塑的过程中渔民们出现了半传统半现代的生活理念。这种"双半"状态就是由传统脆断所客观引起的。美国普

---

① 周一新：《浅议海洋渔村共同体功能的"嬗变"与"重构"》，《农村经济与科技》2016 年第 1 期，第 177 页。

林斯顿大学社会学教授吉尔伯特·罗兹曼在《中国的现代化》一书中提出："现代化是人类历史上最剧烈、最深远并且显然是无可避免的一场社会变革。是福是祸暂且不论，这些变革终究会波及与业已拥有现代化各种模式的国家有所接触的一切民族。现存社会模式无一例外地遭到破坏。"① 在市场经济体制普遍化和全球化趋势的不断推进的大背景下，不同文化范式之间的交流和碰撞已经成了不可避免的趋势。而这种相较于传统渔村而言的现代文化是一种异质性极强的文化，它携带着岛外城镇的发展逻辑以及话语秩序，打破了以往岛内话语秩序的同质化状态。旅游业作为外源性影响，持续地对岛内注入一些异质文化，同时又作为实现经济发展方式转变的重要推手，使得岛内原有的社会结构发生了结构变异和社会功能的初步分化。在现代信息技术的无意推广下，传统渔业文明时期那种局限于内部交流与对话的文化模式实现了彻底的改变，多元文化的价值理念逐步瓦解了传统泾渭分明的因地理隔离而导致的文化隔离。

在现代化的大背景下，文化多元同样还具有多变性和不确定性。渔民们基于自身的价值取向来对传统的生活场域做出取舍，在这个激荡与磨合的过程中，渔民自身也有着难以言表的情感。话语秩序的冲突与融合既为桑岛提供了良好的发展机遇，同时也为桑岛的生态文明可持续的发展打上了一个问号。海岛终究不能像其他传统陆源农村一样实现就地城镇化，要想让海岛的渔民不断地接受异质文化的输入，除了依靠海岛旅游业的强势"侵入"，还需要渔民自身依靠互联网来获取异质文化。旅游业因其带来的经济价值使得岛内渔民异化了自身的原有话语秩序和生活场域以及相应的文化习俗，但要想渔民自发地改变传统惯习仍需要一定时间的积累。

---

① 吉尔伯特·罗兹曼主编《中国的现代化》，江苏人民出版社，2010。

海洋文化与产业发展

中国海洋社会学研究
2020 年卷　总第 8 期
第 111～124 页
© SSAP, 2020

海洋产业发展对海洋文化的影响[*]

——以上海地名为例

陈　晔　聂权汇[**]

摘　要：地名是地域文化的载体，也是社会发展的一面镜子，能够反映出该地区的文化。经济基础决定上层建筑，某地区的海洋文化随着海洋经济的发展而变化。本文以上海地名为例，对海洋产业发展对海洋文化的影响进行研究，发现随着海洋开发的深入，上海海洋文化逐步提升。古代上海对海洋的开发集中在"渔盐之利"，出现很多相关地名如沪、下沙、大团、盐仓、三灶、六灶等。近代上海，海洋运输业得到长足发展，遗留下很多与航运相关包含"海"字的路名。当代上海对于海洋产业处于高级开发阶段，海洋科技、海洋教育等突飞猛进，出现很多与海洋相关的"祈愿型"路名。上海地名的变迁非常形象地展现出上海海洋产业的发展对上海海洋文化的影响。

关键词：海洋产业　海洋文化　上海地名

一　引言

改革开放以来，我国海洋经济取得长足发展，正如《全国海洋经济发

* 本文受上海海洋大学海洋科学研究院开放课题（A1 - 2006 - 00 - 601608）基金资助。
** 陈晔，复旦大学经济学院理论经济学博士后，上海海洋大学经济管理学院讲师，博士，研究方向为海洋经济及文化；聂权汇，上海海洋大学经济管理学院学生。

展"十三五"规划》中所指出的，"海洋是我国经济社会发展的重要战略空间，是孕育新产业、引领新增长的重要领域，在国家经济社会发展全局中的地位和作用日益突出。党中央、国务院高度重视海洋经济发展，党的十八大作出了建设海洋强国的重大战略部署。壮大海洋经济、拓展蓝色发展空间，对于实现'两个一百年'奋斗目标、实现中华民族伟大复兴的中国梦具有重大意义。"

地名是地区文化演进的标识，区域环境变化和人类群体活动往往被该地的地理命名所记录。地名是地域文化的载体，也是社会发展的一面镜子，记录着人们的思想愿望和心理意识等文化内涵①。自古以来，上海就是全国海洋产业最发达的城市之一。上海沿海区域有一个由海洋变陆地的过程，现在的上海市区是在最近两三千年，由长江入海带来的泥沙所形成的冲积平原。② 据利玛窦记载，"上海"这个名称就是因其位置靠海而得③。与"上海"有关的别称有"海上""上洋"，都源于上海最早的县志——明代弘治《上海志》，其对"上海"的解释为："上海县，称上洋、海上……其名上海者，地居海之上洋故也。"④ 上海与海洋产业结缘始于渔业，上海简称"沪"，原指一种渔具。近代，西方人最早发现上海作为天然良港的地理优势，开埠后的数十年内，上海成为中国第一大都市。上海以港兴商、以商兴市，自古以来就同海洋结下不解之缘。随着上海海洋产业蓬勃发展，上海海洋文化逐渐成熟，出现很多与海洋有关的地名。

二 文献综述

自从党的十八大提出海洋强国战略以来，对于海洋文化的研究如雨后春笋一般，发展迅速，方法众多。有从历史学视角的研究，如曲金良的《中国海洋文化史长编》⑤、杨国帧的《中国海洋文明专题研究》⑥ 等；有从

---

① 陈晔：《上海路名与上海海洋文化》，《地域文化研究》2018 年第 4 期，第 89~95、155 页。
② 葛剑雄：《海洋与上海》，《国家航海》2012 年第 1 期，第 7~15 页。
③ 利玛窦、金尼阁：《利玛窦中国札记》（下册），中华书局，1983，第 598 页。
④ 熊月之：《上海通史》（第 1 卷），上海人民出版社，1999，第 2 页。
⑤ 曲金良：《中国海洋文化史长编》，中国海洋大学出版社，2017。
⑥ 杨国帧：《中国海洋文明专题研究》（第 1 卷），人民出版社，2016。

文化学视角的研究，如刘桂春和韩增林的《我国海洋文化的地理特征及其意义探讨》①、李德元的《质疑主流：对中国传统海洋文化的反思》②、韩兴勇和郭飞的《发展海洋文化与培养国民海洋意识问题研究》③、张开城的《海洋文化与中华文明》④ 等；有从社会学视角的研究，如毕旭玲的《古代上海：海洋文学与海洋社会——古代上海海洋社会发展史研究》⑤、宁波的《海洋文化：逻辑关系的视角》⑥ 等。

地名为社会科学领域提供了众多有价值的研究素材和资料，促进了人类文化的研究与发展，是语言学、地理学、历史学、民族学等学科共同开掘的"富矿"。从 2018 年开始，陆续有学者开始从地名学的视角，对海洋文化进行研究，如陈晔的《我国海洋文化的时空特征研究——基于地名的由来及其演变过程》从地名的由来及其演变过程对我国海洋文化的时空特点进行研究，发现我国海洋文化延续性较强，近代以来，随着人们海洋意识的不断提高，我国海洋文化得到较快的发展⑦；陈晔的《上海路名与上海海洋文化》对上海路名中折射出来的海洋文化进行研究⑧；张建明的《南海地名命名折射的海洋文化现象》对南海地名命名折射出来的海洋文化现象进行研究⑨；陈晔和李晓雪的《上海地名中的航运文化元素》对上海的行政区域类地名、交通运输设施类地名、居民点类地名和单位类地名中包含的航运文化元素进行了梳理和分析⑩。

综观现有文献，海洋文化研究已受到学者们的关注，但现有研究仍存

---

① 刘桂春、韩增林：《我国海洋文化的地理特征及其意义探讨》，《海洋开发与管理》2005 年第 3 期，第 9 ~ 13 页。

② 李德元：《质疑主流：对中国传统海洋文化的反思》，《河南师范大学学报》（哲学社会科学版）2005 年第 5 期，第 87 ~ 89 页。

③ 韩兴勇、郭飞：《发展海洋文化与培养国民海洋意识问题研究》，《太平洋学报》2007 年第 6 期，第 84 ~ 87 页。

④ 张开城：《海洋文化与中华文明》，《广东海洋大学学报》2012 年第 5 期，第 13 ~ 19 页。

⑤ 毕旭玲：《古代上海：海洋文学与海洋社会——古代上海海洋社会发展史研究》，上海社会科学院出版社，2014。

⑥ 宁波：《海洋文化：逻辑关系的视角》，上海人民出版社，2017。

⑦ 陈晔：《我国海洋文化的时空特征研究——基于地名的由来及其演变过程》，《中国海洋大学学报》（社会科学版）2018 年第 4 期，第 64 ~ 69 页。

⑧ 陈晔：《上海路名与上海海洋文化》，《地域文化研究》2018 年第 4 期：第 89 ~ 95、155 页。

⑨ 张建明：《南海地名命名折射的海洋文化现象》，《中国社会报》，2019 年 4 月 16 日第 3 版。

⑩ 陈晔、李晓雪：《上海地名中的航运文化元素》，《边疆经济与文化》2019 年第 3 期，第 72 ~ 74 页。

在一些不足之处。现有研究主要涉及自然因素对海洋文化的影响，关于经济发展对海洋文化影响的研究甚少，本文以上海为例，对海洋经济对海洋文化的影响进行研究，具有一定的创新性。

三　影响机理

海洋占地球表面积的 71%，其中蕴含着丰富的资源，包括海洋生物资源、海水化学资源、海洋石油天然气资源、海洋矿产资源、海洋动力资源、海洋空间资源等。全球 85% 的水产品来自海洋，海水中含有丰富的海水化学资源，已发现的海水化学物质有 80 多种，可提取的化学物质达 50 多种。由海水运动产生的海洋动力资源，包括潮汐能、波浪能、海流能及海水因温差和盐差而引起的温差能与盐差能等。海洋拥有丰富的石油、煤、铁、海滨砂矿、多金属结核和富钴锰结壳等矿物资源。海洋与人类的生存息息相关，与国家兴衰紧密相连。

海洋经济内涵丰富，按照《全国海洋经济发展规划纲要》以及《海洋及相关产业分类》（中华人民共和国国家标准 GB/T20794 - 2006）给出的权威定义："海洋经济是开发、利用和保护海洋的各类产业活动，以及与之相关联活动的总和"①。根据海洋经济活动的性质，海洋经济可被划分为海洋产业和海洋相关产业。海洋产业是开发、利用和保护海洋所进行的生产和服务活动，主要表现在五个方面：直接从海洋中获取产品的生产和服务活动；直接从海洋中获取产品的一次加工生产和服务活动；直接应用于海洋和海洋开发活动的产品生产和服务活动；利用海水或海洋空间作为生产过程的基本要素所进行的生产和服务活动；海洋科学研究、教育、管理和服务活动。海洋相关产业是指以各种投入产出为纽带，与海洋产业构成技术经济联系的产业。

海洋经济核心层，即主要海洋产业，是指在一定时期内具有相当规模或占有重要地位的海洋产业，包括海洋渔业、海洋油气业、海滨矿业、海洋盐业、海洋船舶工业、海洋化工业、海洋生物医药业、海洋工程业、海

---

① 国家海洋局海洋发展战略研究所：《中国海洋经济发展报告（2013）》，经济科学出版社，2013，第 1~3 页。

水利用业、海滨电力业、海洋交通运输业和滨海旅游业等。海洋经济支持层，即海洋科研教育管理服务业，包括海洋科学研究、海洋教育、海洋地质勘查业、海洋技术服务业、海洋信息服务业、海洋保险与社会保障业、海洋环境保护业、海洋行政管理、海洋社会团体与国际组织等。海洋经济外围层，即海洋相关产业，是指以各种投入产出为联系纽带，通过产品和服务、产业投资、产业技术转移等方式与主要海洋产业构成技术经济联系的产业，包括海洋农林业、海洋设备制造业、涉海产品及材料制造业、海洋建筑与安装业、海洋批发与零售业、涉海服务业等①（见图1）。

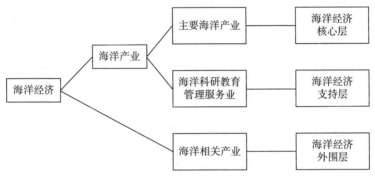

图1　海洋经济分类示意

人类对海洋的认识、开发和利用经历了从"以海为食"到"以海为路"，再到"以海为家"三个阶段。

第一阶段，人类对海洋的初级开发。远古时期，人类"以海为食"，沿海居民将捕获的鱼类和贝类作为食物，对海洋的开发限于海洋渔业和盐业，他们的活动区域局限于河海相交的河口、海边以及近海。考古研究发现，旧石器时代北京周口店的山顶洞人食用海洋贝类，并利用海蚌壳做"项链"，作为装饰用品②。五千年以前的仰韶文化，已从海水中提取海盐③。"以海为食"的阶段是人类开发利用海洋的开始，此时的人类对海洋充满神往，同时也怀着畏惧。

第二阶段，人类对海洋的中级开发。"大航海"时代标志着"以海为

---

① 何广顺、王晓惠:《海洋及相关产业分类研究》,《海洋科学进展》2006年第3期,第365～370页。
② 叶向东:《海洋经济发展历史渊源》,《网络财富》2010年第4期,第66～67页。
③ 李应济、张本:《海洋开发与管理读本》,海洋出版社,2007,第105页。

路"阶段的开始。从永乐三年（1405 年）至宣德五年（1430 年），郑和率领 200 多艘船只、2.7 万多人，七次下西洋，曾到过爪哇、苏门答腊、苏禄、彭亨、真腊、古里、暹罗、榜葛剌、阿丹、天方、左法尔、忽鲁谟斯、木骨都束等 30 多个国家，最远至非洲东部。半个世纪后，达·伽马率领葡萄牙船队绕过非洲的好望角到达印度，之后哥伦布发现美洲大陆，麦哲伦完成环游地球①。人类对海洋的开发拓展至海洋交通运输业，为该时期的标志。

第三阶段，人类对海洋的高级开发。"以海为家"是指人类进入以"海洋为生"的生存与发展空间的时代。此时，人类活动主要依赖海洋资源，海洋环境成为人类社会可持续发展的保障，开发海洋的实践活动成为人类社会高新科技的摇篮，海洋权益成为国际关系新秩序的核心②。人类对海洋油气勘探起源于 1887 年，此后，海洋药物、海洋旅游等都得到迅猛发展，此类海洋新兴产业的兴起成为该时期的标志。

自然地理环境为人类文化提供物质基础，并直接或间接地影响着该地文化。与此同时，经济基础决定上层建筑，随着人类对海洋开发利用的程度逐渐加深，呈现了不同的海洋文化，留下了与之相应的地名。

四　海洋产业发展与上海地名

"一年而居成聚，二年成邑，三年成都"，十分形象地说明了从聚落到都市的成长历程，但并非所有聚落最终均能发展为城市，也并非所有城市最终均能成为都市③。上海"因海而生、依海而兴、人海相依"，自古以来就与海洋结下不解之缘，海洋产业发展对于上海海洋文化的形成与发展产生重大影响，为不同历史时期的上海遗留下颇具时代特色的地名。

（一）古代上海海洋产业与地名

上海与海洋结缘始于渔业。作为现在中国第一大都市，被誉为"东方的巴黎，西方的纽约"的上海，由渔村逐渐演变而来。上海简称"沪"（沪

---

① 李应济、张本：《海洋开发与管理读本》，海洋出版社，2007，第 186~187 页。
② 李应济、张本：《海洋开发与管理读本》，海洋出版社，2007，第 187 页。
③ 韩茂莉：《中国历史地理十五讲》，北京大学出版社，2015，第 303 页。

是"扈"的简化字),也是上海最重要的地名,大约在三国赤乌年间出现[1],原指一种渔具,在今渔具分类上属于栅箔类[2]。公元四五世纪时的晋朝,松江(现名苏州河)和滨海一带的居民创造出一种竹编的捕鱼工具叫"扈"。南朝顾野王《舆地志》记载:

> 插竹列于海中,以绳编之。向岸张两翼,潮上即没,潮落即出,鱼随潮碍竹不得去,名之云扈。[3]

陆龟蒙的《渔具诗》中写到"沪":

> 万植御洪波,森然倒林薄。千颅咽云上,过半随潮落。
> 其间风信背,更值雷声恶。天道亦衰多,吾将移海若。

皮日休在《奉和鲁望渔具十五咏》中,对"沪"进行描述:

> 波中植甚固,磊磊如虾须。涛头倏尔过,数顷跳鲋鲈。
> 不是细罗密,自为朝夕驱。空怜指鱼命,遣出海边租。

在《太平广记》的《海上人》中,也有关于用"扈"捕捞的描写:

> 近有海上人于鱼扈中得一物,是人一手,而掌中有面,七窍皆具,能动而不能语。传玩久之,或曰:"此神物也,不当杀之。"其人乃放置水上,此物浮水而去,可数十步,忽大笑数声,跃没于水。

当时江流入海处称"渎",是一种捕鱼工具,这种捕鱼工具被广泛使用之地被称为"沪渎",上海正处于"沪渎"近旁,所以后人就把上海称为"沪"[4]。

紧随渔业发展的,是上海的盐业,其主要分布在上海南汇地区(今浦

---

[1] 贺续进:《上海水系与古文化遗存》,《档案春秋》2010年第7期,第60~62页。
[2] 遥深:《古上海与渔业》,《渔业史》1978年第1期,第41~44页。
[3] 熊月之:《上海通史》(第1卷),上海人民出版社,1999,第2页。
[4] 李功豪:《上海崛起:从渔村到国际大都市》,上海大学出版社,2010,第4页。

东新区南部）。南汇"煮海制盐"始于10世纪初期（五代后梁开平年间），华亭盐监所属3盐场之一的"浦东盐场"建立后，南汇地区盐业得到迅速发展，自1127年至1130年（南宋建炎年间），下沙建立盐场并设盐监，元代和明代上半期为下沙盐场鼎盛时期，当时额定盐产量高达5680吨，为浙西所属27盐场之冠。根据《南汇县志》的记载，长人乡（即南汇县前身）的沿海地区在唐末钱镠建吴越国以后，即开始有煮海制盐之业。南宋建炎年间，在下沙地建盐监后，这一带被辟为盐场，称下沙盐场，下设团、灶机构。之后，随着成陆面积的逐渐扩大，盐区亦随之东移。至明代初期，盐区已移至里护塘以东一带，行政区划随之也做了新的划分。塘内之地称漕田或有司地，属长人乡管辖，设保、图建置；塘外之地则称灶田或盐司地，属下沙盐场，设团、灶建置。虽然那些与盐业生产有关的机构早已消失，但部分与盐业生产、储存、转运和管理相关的地名如下沙、新场、航头、大团、盐仓、三灶、六灶等继续保留了下来①。

（二）近代上海的海洋产业与地名

近代，人类对海洋的开发已拓展至海洋交通运输业，上海居民对海洋的开发处于中级阶段。正如人类很早就发现石油，北宋科学家沈括在《梦溪笔谈》中预言"此物后必大行于世"，但是人们真正认识到石油的价值，却是在1853年石油蒸馏工艺发明之后。在很长的一段历史时期，上海的地理优势长期不被人认识。真正发现上海作为天然良港的地理优势的，不是中国人，而是西方人。

1832年，英国东印度公司职员胡夏米（Huyh Hamilton Lindsay），偕同普鲁士传教士郭士立（Karl Friedrich August Gatzlaff）等，受东印度公司派遣乘坐"阿美士德号"帆船，考察中国东南沿海商业及防务情况。次年，胡夏米向公司递交《阿美士德号货船来华航行报告书》（*Report of Proceedings on a Voyage to the Northern Ports of China ion the Lord Amherst* 1833）②。《阿美士德号货船来华航行报告书》指出，上海地区"在对外贸易中所拥有

---

① 赖世鹏：《从地名看上海南汇盐业发展与岸线迁移的关系》，《中国地名》2011年第6期，第49～50页。

② 罗苏文：《上海传奇：文明嬗变的侧影（1553－1949）》，上海人民出版社，2004，第36页。

的特殊优越性,过去竟然未曾引起相当注意,是十分令人奇怪的"。"上海
虽然只是一个三等县城,但却是中国东部海岸最大的商业中心,紧邻着富
庶的苏杭地区,由此运入大量丝绸锦缎,同时向这些地区销售。从地形上
说,上海位于长江三角洲和整个长江流域的交点,又是中国南北海岸线的
中心,具有广阔的经济腹地,这是中国其他任何一个港口都无法匹敌的。"①

开埠之后,上海道宫慕久在洋泾浜北设立"西洋商船盘验所",正式办
理外国商船入关通商事宜,并由松江府海防同知沈炳垣主管通商,受理华
洋交涉事件②,上海作为航运中心的地位开始显现。1846 年,上海出口总值
仅占全国总量的 16% ,5 年后,其所占比重达到 50%。到 1863 年,广州口
岸的进出口总值已不及上海的 1/15。上海海洋运输业得到充分发展。

开埠之前,由于受到陆地文化的影响,上海居民对海洋有着畏惧之情,
上海境内的路名中,仅有一条海潮路,该路因为海潮寺而得名,而该寺是
祈福航行平安的场所。开埠之后,随着上海海洋产业的发展,近代上海居
民的思想观念发生巨大的变化。对于近代上海居民而言,海洋不再是祸害
与威胁,而是取之不尽用之不竭的物质与精神的源泉③。这种变化在上海路
名中表现得尤其明显,以租界道路为代表的上海路名开始出现很多包含
"海"字的道路。

表 1 上海市区含"海"字的路名

路名	长度	年份	类型
青海路	北起南京西路,南至青海路 105 弄。长 237 米,宽 12.4 ~ 12.5 米,车行道宽 8.3 ~ 8.5 米	1914 年	政区名命名
威海路	在市区中部,跨黄浦、静安两区。东起黄陂北路,西至延安中路	1913 年	
海口路	南起浙江中路,北至湖北路。长 125 米,宽 12.3 ~ 13.1 米,车行道宽 9.3 ~ 9.8 米	清咸丰四年(1854 年)筑土路,光绪八年(1882 年)改筑	
海拉尔路	南起梧州路,北至物华路、高阳路口。长 562 米,宽 10.6 ~ 14.0 米,车行道宽 8.6 ~ 9.0 米	民国二年至五年(1913 ~ 1916 年)填浜筑路	

① 苏智良:《苏杭文化与海派文化的互动共荣》,《新华日报》,2011 年 8 月 10 日,第 7 版。
② 周明伟、唐振常:《上海外事志》,上海社会科学院出版社,1999,第 105 页。
③ 陈晔:《近代上海居民海洋观念的转变》,载史晋川、王志凯主编《海洋经济发展报告——海洋经济与海洋强国建设国际研讨会文集》,浙江大学出版社,2014。

续表

路名	长度	年份	类型
海南路	南起武进路，北至本路底。长 142 米，宽 9.5 米，车行道宽 6.6 米	清光绪三十年（1904 年）筑	
长海路	在杨浦区北部。东起中原路，西至国和路。长 1228 米，宽 13.0 米，车行道宽 9.0 米	民国二十年至二十二年（1931～1933 年）筑，名府东外路、府西外路	
北海宁路	东起吴淞路，西至乍浦路。长 170 米，宽 12.8 米，车行道宽 9.0 米	清光绪三十年（1904 年）前填浜筑	
北海路	东起福建中路，西至西藏中路。长 582 米，宽 9.0～20.1 米，车行道宽 6.1～17.0 米	清光绪九年（1883 年）以跑马场跑道改筑	
宁海东路	东起山东南路，西至西藏南路。长 757 米，宽 9.1～20.0 米，车行道宽 6.1～12.0 米	清同治二年（1863 年）法租界当局越界筑路	
宁海西路	东起西藏南路，西至连云路。长 690 米，宽 12.0～20.2 米，车行道宽 6.8～12.0 米	清光绪十八年（1892 年）法公董局越界筑路	政区名命名
定海路	南起定海桥北堍，北至平凉路。长 890 米，宽 6.0～15.1 米，车行道宽 5.8～14.9 米	清宣统三年（1911 年）规划	
海门路	南段南起东大名路，北至昆明路；北段南起东余杭路，北至岳州路。长 831 米，宽 9.0～21.0 米，车行道宽 11.0～12.1 米	清光绪二十年（1899 年）筑	
海宁路	东起九龙路，西至甘肃路。长 1884 米，宽 14.0～28.0 米，车行道宽 10.0～20.0 米	清光绪二十八年（1902 年）始筑乍浦路至九龙路段，名鸭绿路	
海伦西路	东起邢家桥北路，西至东横浜路。长 655 米，宽 6.1～15.0 米，车行道宽 5.1～11.0 米	民国二年（1913 年）筑	
海伦路	东起周家嘴路，西至邢家桥北路。长 1090 米，宽 13.0～13.5 米，车行道宽 8.5～9.5 米	清光绪三十四年（1908 年）筑	
海州路	在杨浦区南部。西起宁武路，东至贵阳路。长 860 米，宽 15.0～16.0 米，车行道宽 9.8～10.0 米	民国二年（1913 年）筑	
海安路	西起军工路，东至共青路。长 688 米，宽 10.6～11.8 米，车行道宽 9.0 米	民国二十六年（1937 年）筑	
海防路	东起西苏州路，西接余姚路。长 1039 米，宽 6.0～18.8 米，车行道宽 3.5～10.0 米	民国三年（1914 年）筑	

续表

路名	长度	年份	类型
通海路	南起吴周铁路支线，北至剑川路。长 679 米，宽 20.0 米，车行道宽 12.0 米	1984 年筑	政区名命名
海山路	吴淞路—虬江支路东		
海江路	塘后路—同济路	1988 年	
山海关路	东起新昌路，西至石门二路。长 740 米，宽 9.2 ~ 12.7 米，车行道宽 6.1 ~ 8.7 米	光绪三十年（1904 年）筑	地理实体名命名
定海港路	贵阳路—黎平路	1923 年	
海南西弄	东起海潮路，西至普育东路。长 214 米，宽 4.4 ~ 7.7 米，车行道宽 3.8 ~ 5.7 米。位于海潮寺南面而得名		
海潮路	北起陆家浜路，南至瞿溪路。长 548 米，宽 7.5 ~ 16.8 米，车行道宽 4.9 ~ 13.1 米。以原海潮寺命名		
晏海弄	河南南路—露香园路		
海昌路	长安路—天目中路	清末	
淮海中路	东起西藏南路，西至华山路。长 5500 米，宽 16.5 ~ 30.7 米，车行道宽 10.4 ~ 20.1 米	清光绪二十七年（1901 年）	词组命名
淮海东路	东起人民路，西至西藏南路。长 373 米，宽 14.9 ~ 28.7 米，车行道宽 10.2 ~ 20.9 米	清光绪三十二年（1906 年）筑	
淮海西路	东起华山路，西至凯旋路。长 1510 米，宽 21.0 ~ 27.2 米，车行道宽 14.0 ~ 19.0 米	民国十四年（1925 年）法公董局越界辟筑	
洲海路	黄浦江边—长江边		
海兴北路	陆家嘴路—西杨家宅路	20 世纪初	
海兴后路	至善路—海兴北路	1930 年	
海兴路	东宁路—花园石桥路	1923 年	

资料来源：《上海地名志》编纂委员会：《上海地名志》，上海社会科学院出版社，1998。

（三）当代上海海洋产业与地名

当代以来，尤其是改革开放、浦东开发开放之后，上海海洋产业得到了蓬勃发展，很多海洋新兴资源得到利用，人们对海洋资源的依赖性进一步提高，开发海洋的实践活动成为人类社会高新科技的摇篮，人们对海洋的开发进入高级阶段。上海海洋文化得到长足发展，出现了很多和海洋教育与海洋科技相关的地名。

上海两所涉海类高校的更名，最能体现出上海海洋文化进一步提升的特点。上海海事大学前身为 1909 年晚清邮传部上海高等实业学堂（南洋公学）船政科，1912 年成立吴淞商船学校，1933 年更名为吴淞商船专科学校，1959 年交通部在沪组建上海海运学院，2004 年经教育部批准更名为上海海事大学①。上海海洋大学的前身是张謇、黄炎培创建于 1912 年的江苏省立水产学校，历经国立中央大学农学院水产学校、上海市立吴淞水产专科学校、上海水产专科学校等校名，1952 年升格为中国第一所本科水产高校——上海水产学院；1972 年南迁厦门集美，更名为厦门水产学院；1979 年迁回上海，恢复上海水产学院，保留厦门水产学院；1985 年更名为上海水产大学；2008 年更名为上海海洋大学②。产业结构的变化会影响社会对人才的需求，学校是培养人才的场所，学校名称与其专业有关，学校名称的变化能较好地反映社会需求及文化的变迁。不论是上海海运学院更名为上海海事大学，还是上海水产大学更名为上海海洋大学，都从一个侧面反映了上海海洋经济产业从最初的海洋交通业和海洋渔业向更加广阔的领域发展，上海的海洋文化也随之发展。

此外，海洋科技也在上海得到迅猛发展。1989 年，中国极地研究中心的前身——中国极地研究所在上海成立③。中国极地研究中心是中国唯一一个专门从事极地考察的科学研究和保障业务的机构。中国极地考察的国内基地在上海浦东新区，在中国极地研究中心的积极推动下，浦东新区大力支持极地考察事业，2016 年 1 月 28 日，浦东新区建交委正式批复同意港建路延伸段改名为雪龙路④。

---

① 上海海事大学官网：https://www.shmtu.edu.cn/about/about.htm，最后访问日期：2019 年 10 月 16 日。
② 上海海洋大学官网：https://www.shou.edu.cn/xxjj_107/list.htm，最后访问日期：2019 年 10 月 16 日。
③ 中国极地研究中心官网：http://www.pric.org.cn/detail/sub.aspx? c = 29，最后访问日期：2019 年 10 月 26 日。
④ 陈晔、李晓雪：《上海地名中的航运文化元素》，《边疆经济与文化》2019 年第 3 期，第 77 ~ 79 页。

随着海洋经济产业高层次发展，上海路名中出现了很多与海洋有关的"祈愿型"路名，如奉贤区的海乐路、海航路、海泉路、海浪路、海旋路、海思路、海湾路、海阔路、海滨路、海光路、海华路、海庆路、海翔路、海兴路、海杰路、海中路、海尚路、海龙路、海熙路、海丹路等；浦东新区的海鹏路、海趣路、海春路、海顺路、海纳路、海鸣路、海阳路、海容路、海霞路、海科路等；宝山区的海林路、海江路、海月路、海青路、海皓路、海丰路、海军路、海笛路、海星路、海瑞路、海连路等。

五 结论

海洋蕴藏着丰富的生物资源，为沿海地区渔民群体及其家庭的生存提供了强有力的支撑。人类对海洋的开发始于"渔盐之利"，"舟楫之便"的开发紧随其后。"地理大发现"开辟了人类海洋开发实践活动的新篇章，给商业贸易带来了空前的繁荣，为欧洲工业革命的兴起创造了有利的条件，促进了资本主义生产关系的形成与发展。第二次世界大战之后，人类开始对海洋进行全面而深入的系统开发，海上通道得到进一步拓展，这促进了全球贸易的繁荣和世界市场的形成，世界各国之间的交往与联系变得更为密切，文化交流得到促进，全球化的进程得到加强[1]。海洋油气业、海滨矿业、海洋化工业、海洋生物医药业、海洋工程业、海水利用业、海滨电力业、海洋交通运输业和滨海旅游业等海洋新兴产业得到长足发展。

人类对海洋的开发经历了逐渐深入的过程，从初级至中级，逐渐发展至高级。经济基础决定上层建筑，海洋文化也会随着海洋经济的发展而变化。上海地处太平洋西岸、亚洲大陆东部、长江三角洲东端、中国南北海岸线中点，因其位置靠海而得名。地名是地域文化的载体，也是社会发展的一面镜子，记录着人们的思想愿望和心理意识等文化内涵，是研究人文科学的富矿。借助地名可以发现随着海洋开发的深入，上海海洋文化得到相应提升。古代上海对海洋的开发集中在"渔盐之利"，上海简称"沪"即源自海洋渔业，上海南汇地区有不少与海洋盐业相关的地名如下沙、新场、

---

① 崔凤：《海洋开发与经济社会发展》，《未来与发展》2006年第10期，第9~11页。

盐仓、三灶、六灶等。近代上海对海洋的开发集中在海洋运输业，遗留下很多与航运相关的包含"海"字的路名。当代，上海的海洋产业处于高级开发阶段，海洋科技、海洋教育等都得到长足发展，人们对海洋不再是畏惧，而是期盼。

中国海洋社会学研究

2020 年卷　总第 8 期

第 125～130 页

© SSAP，2020

舟山非遗文化传承与发展探析

——以舟山走书、渔民画为例

林新妃*

摘　要：随着舟山旅游业的蓬勃兴起，舟山非物质文化遗产的继承与发展工作显得尤为重要。本文结合舟山实际情况，以舟山走书、渔民画为例，从文化传承的视角发掘人与文化的紧密联系，分析当前非遗文化保护工作存在的问题，并从文化传播的视角，探索非遗文化在新时代要求下推陈出新、大放异彩的现实路径。

关键词：非物质文化遗产　舟山走书与渔民画　文化传承

一　舟山非物质文化遗产传承与发展概述

非物质文化遗产的传承发展工作，是丰富文化生活、推进非遗文化活态传承的重要一步。在舟山，海岛特色浓郁，非物质文化遗产具有鲜明的地域特征。在 2010 年的非物质文化遗产普查中，舟山市初步统计拥有 100 多项非物质文化遗产，分布于定海、岱山、普陀、嵊泗四个县区，可谓分布较广、数量众多。同时舟山的非物质文化遗产内容丰富，具体分为：民间美术、农产品加工技艺、传统木船制造工艺、渔具渔绳制作工艺、海盐

---

* 林新妃，浙江海洋大学外国语学院英语专业 2017 级本科生。

海产品制作工艺、酿酒制酱技艺、农畜产品加工技艺、民间信仰、观音佛教信仰、鱼类传说故事、人物史事传说等，种类繁多。其中，被列为国家级的有 5 项。作为一座热门的旅游城市，舟山目前将非遗文化与旅游市场结合以拉动经济增长。舟山市内修建了许多非遗博物馆，在定海古城内更是集聚了一大批富有舟山渔文化特色的店铺，文化氛围浓厚；舟山著名景点南沙、普陀山等地也是文创产品聚集地。舟山市政府正积极响应"非遗融入乡村振兴，促进乡村的发展和繁荣，不断开发非遗资源，推进文旅深度融合，以更加务实的工作作风推进舟山的非遗事业不断发展"的号召。

二　舟山走书与渔民画传承与发展现状

1. 舟山走书。舟山走书又称瀚洲走书，是一种传统的说唱艺术。它以说、嗓、演、唱为手段，以边讲边唱边演为主要特点，运用地方语言叙事叙情，具有较强的艺术性；初为自击自唱的单口说唱曲艺，内容以短词为主，后借鉴戏剧中走、唱、念、表相结合的表演手法，将单档坐唱改为二人或多人演唱。

首先，严苛的高门槛使得舟山走书传承举步维艰。在采访过程中，舟山走书省级传承人黄素芬谈到舟山走书作为优秀的传统文化，在舟山市政府的支持下，近些年逐渐被重视。但舟山走书的发展现状仍不容乐观，原因之一在于舟山走书的表演以舟山话为主，而目前会说方言的群体明显不足，尤其是年轻一代占比极低。另外，舟山走书本身的学习也非易事，说书人要有声音厚重、不尖锐的先天条件。舟山走书的考试制度要求学生拜师一年后就进行初试，两年后需复试。考试方式为在专家面前演唱，大约15 分钟，由专家评定是否合格。这样严格的入门要求一定程度上阻碍了人们学习的热情。

其次，传统艺术与时代的严重脱节导致了舟山走书传承陷入僵局。正如省级传承人王如玉所说的，现在的大众娱乐方式多种多样，年轻人接受不了这种"老"的艺术，整个行业逐步走向没落。这个现象最为突出的表现之一就是舟山走书的听众多稳定在舟山本地老人范围内，且年龄也大多在 65 岁以上。舟山走书也和其他很多传统的民间艺术一样，抵不过时代变迁下人们审美观念的转变。

2. 舟山渔民画。舟山渔民画表现的大多是大海及与海有关的事物。渔民有着出没于狂风巨浪、生死搏斗的生活经历，赋予作品强烈的地域特色和民族意识，由此形成了舟山渔民画特有的整体性艺术魅力，在中国现代民间绘画艺术中独树一帜。

事实上，渔民画并没有真正得到当地民众的关注。阿拉窝哩文创店是一家文创老店，曾在 2017 年中国特色旅游商品大赛中凭借其作品东海船包荣获银奖。然而，渔民画的衍生产品销售状况令人担忧，有些产品甚至无人问津。在调研过程中笔者了解到，渔民画行业缺乏相关的专业从业人员，老艺人群体力量不足，而年轻人又没有时间和精力去学习渔民画。再加之渔民画的技艺需要长久的积累，使得渔民画的传承困难重重。

舟山著名的普陀山景区内的渔民画产品存在同质性强、无差别商品化等问题。数十家店售卖的渔民画衍生产品十分雷同，大部分以丝巾、小扇、贝壳工艺品等产品为主，且工艺性不高，质量堪忧，千篇一律的产品容易降低游客的购买欲望。笔者了解到，大多数店主是从网店或工厂批产销售，本身对渔民画及其制作工艺一无所知。因此，从业者与专业知识和技能之间的脱节，使得渔民画文创行业难以与先进技术相结合。这样一来，渔民画这一非遗文化被简单复制成单一的毫无特点的机械生产产品，不仅降低了其自身的价值，也淡化了人们对其的关注度，导致其发展不断受挫。

三 舟山非遗文化传承与发展面临的困境

1. 文化环境变迁

过去，像渔民画、走书等非物质文化遗产在老一辈人当中很受欢迎。由于地域条件等限制，当时的人们并不能过多接触其他地区或是其他国家的文化，只能专注于本土文化的发展。随着改革开放的不断深入以及全球化的不断发展，文化多元化现象显著，在舟山同样如此。越来越多的人，尤其是年轻一代将关注点转向其他地域或国家的文化或时尚文化，如欧美文化、地中海文化、网络文化等。在这种背景下，人们渐渐忽略了本土文化。

2. 传承人缺失

如今专注渔民画的从业人员极其少，老艺人也不足。加之年轻人又不愿意将其作为职业来发展，传承人队伍无法壮大。同时，文化学习与传承的难度使得一些人望而却步。不论是走书还是渔民画，对传承人的要求很高，需要长年累月的磨炼，高难度技艺的习得是一个较为漫长的过程。

3. 形式单一化

内容与形式的陈旧落俗是另一大原因。优胜劣汰、适者生存不仅是亘古不变的自然规律，也是舟山走书日渐衰落的真正原因。早年，曲调更为动听、书目更为丰富、表现力也极强的宁波走书与蛟州走书不断来舟山表演，其学者甚众，听者也踊跃，相比之下舟山走书则渐趋衰落。改革开放以来，时代的快速发展使得娱乐活动更加丰富。而这种内容与形式都相对落后的民间老艺术也就渐受冷落，从而导致舟山走书表演文化几近失传。渔民画亦是如此。历史证明，包括民间艺术在内的一切艺术门类都毫无例外，只有跟上时代前进的步伐，适应社会的变革与进步，不断地革新、发展以适应观众、听众日益提高的审美要求，才能够有不息的生命力，不断地向前健康发展。

四 对舟山非遗文化传承与发展的建议

1. 文化工作者创新表现形式

丰富文化表现形式。文化的表现形式可以是有形的，如在渔民画的外在表现物中穿插各种风格的内容，不局限于建筑、绘画、雕塑、手工艺作品、器物以及服饰等，将文化可视化；也可以是无形的，即将一些节庆仪式、社会习俗、音乐、舞蹈等精彩集锦与走书文化融会贯通。另外，舟山走书等曲艺文化在内容上都应做出一些积极的调整，例如可将长篇书目改为短篇，赋予其新的时代内容。而在演出形式上也要做到大胆创新，可以适当尝试一下多人伴奏或者群口说书的路子。

推动文化符合大众的审美需求和消费心理。在现代社会中，由于竞争日渐激烈，生活节奏不断加快，人们普遍需要通过文化娱乐消费来舒缓压力、更新知识。因此，走书文化也应以多种方式迈入人们的生活。例如可通过或轻松诙谐或热情洋溢的讲座形式，以宣传普及文化为目的，满足观者对此文化的知识渴求，较为充分地实现传播知识与娱乐休闲的和谐统一，达到寓教于乐的效果。

充分展现文化内涵。舟山作为海岛之城,文创者们可以将舟山特有的海洋文化资源、佛教文化等结合渔民画进行深度加工,创造出舟山特色产品,将创意商品化;可以尝试把原创艺术扎根于生产制造,使艺术与文创结合,进而提升文创产品的价值。同时可专门创建非遗文创品牌,在产品的制作过程中,文创者们应避免单纯追求量的产出,而是把重点放在产品背后的文化内涵上。这样一来,也在一定程度上降低了文化单纯商品化的倾向。

2. 政府部门加强文化扶持力度

政府主导是文化保护的基础,应采取自上而下和自下而上相结合的方式,将文化带入大众视野,引起社会广泛关注,赢得市场和政府的双重信任。[1] 因此,笔者提出以下几点建议。

非物质文化遗产要想得以传承,在时代发展历程中生存下来,就需要完善的法律制度作为保障。

建立健全非遗文化人才制度。舟山作为首个国家级海洋新区,近年来发展迅速。但由于海岛交通闭塞,生活成本较高,非遗文化相关人才的引入不易。因此政府应积极建立健全人才引入和培养制度,保障相关人才的生活需求。与此同时,政府有关部门应加大宣传力度,增强文化创新氛围,重视环境熏陶。此外,政府也可尝试建设一个非遗文化小镇作为景点,将海岛文化欣赏和熏陶作为旅游项目之一。

合理减免非遗产业税收。目前专门针对非遗类民间艺术产业的税收优惠政策还尚未建立。舟山的非遗文化产业发展也较为滞缓。通过合理减免税收,可在一定程度上鼓励相关文化产业的兴起与发展,同时,可辅之以必要的产业扶持政策,精准助力非遗文化发展。

3. 市场开发非遗体验式服务

舟山作为一个旅游城市,依靠旅游经济带动非遗文化发展也是一个良策。湖南长沙雨花非遗馆定位于"看非遗、品非遗、玩非遗、学非遗、买非遗"的非遗产业链线下商业平台,签约 200 多位传承人,聚集书法、剪纸、皮影戏等几百个国家级非遗项目,馆内设置展示参观区、体验学习区、

---

① 杨欣灵:《基于非遗文化传承的乡村振兴模式研究——以钦州采茶戏为例》,《农村经济与科技》2019 年第 14 期。

节目展演区、自由购物区，消费者在参观的同时，可参与各种传统手工艺制作。[①] 舟山独特的海岛文化特色可以借鉴这种非遗品牌商业模式，通过游客亲自创作渔民画、哼唱走书等方式促进文化的传播与交流。

4. 学校推进非遗文化进校园

创造全民学习非遗文化、参与非遗文化建设的浓厚氛围实属必要。要充分发挥学校这一教育平台，如在教育课程中开设与文化产业相关的课程，增设传统文化、民间工艺方面研究性的课程；组织社会培训，传授传统民间工艺的有关知识和制作技能等，同时，借用信息技术教学，丰富传承知识库。长期以来，舟山走书传承是以口传心授、师徒相传为主，这种方式束缚了其传承和推广。信息时代，最好的方式就是利用信息技术建立并丰富其数据知识库，搭建其信息传播平台。[②] 例如，通过信息技术录制传承人教学视频、动作要领以及学习心法，以目前流行的短视频方式走进校园，融入社会。

---

① 左迎颖：《非遗文化创新推广九大策略》，《企业文化》2019 年第 1 期。
② 勾玉鸿：《依托信息技术教学，助力非遗文化校园传承》，《中国校外教育》2019 年第 10 期。

海洋民俗与海洋民俗信仰

中国海洋社会学研究

2020 年卷 总第 8 期

第 133~155 页

© SSAP, 2020

海神信仰的"叠合认同":支撑理论与研究框架

宋宁而 宋枫卓[*]

摘 要: 我国沿海地区的海神信仰存在着多神共存现象。在海神信仰体系中,不仅包含着不同的海神,内陆神灵也被纳入其中,海神信仰体系呈现人们对不同神灵的"叠合认同"。基于此现象,本文通过对以往相关文献的综述,梳理海神信仰"叠合认同"的相关理论,阐释海神信仰"叠合认同"的内涵、要素与特征,提出海神信仰"叠合认同"的研究框架。海神信仰的内在特质是"叠合认同"形成的前提,形成了海神信仰的内在结构和行为逻辑;外部因素是重要条件,为海神信仰的流动和变迁提供了客观的基础;渔村海洋实践中的适应性实践和反思性实践作为承接因素,在现代化的进程中推动了海神信仰的"叠合认同"。这三种因素的结合,共同推动了海神信仰的"叠合认同"进程。

关键词: 海神信仰 多神共存 "叠合认同"

一 海神信仰中的多神共存现象

在我国沿海地区,海神庙宇星罗棋布、大小不一,寄托着民众对海神的崇拜、祈愿和感恩。我国幅员辽阔,海岸线由北至南,沿海各地生态多

* 宋宁而,中国海洋大学国际事务与公共管理学院副教授,研究方向为海洋社会学,主要从事日本"海洋国家"研究;宋枫卓,中国海洋大学国际事务与公共管理学院社会学专业 2018 级硕士研究生,研究方向为海洋社会学。

元，不同地区的海神信仰也大不相同。南方沿海地区普遍存在妈祖信仰，妈祖信仰的传播和影响范围十分广泛，此外，还有闽东、浙东南的临水夫人信仰，以钱塘江口为中心的潮神伍子胥信仰，南海观音信仰，南海渔民的海神兄弟公信仰，广东的伏波将军、达奚司空信仰，海南的南天水尾圣娘信仰，疍民的龙蛇信仰等许多地区性海神信仰。龙王崇拜在沿海地区也相当兴盛，自宋以后，龙王作为海神的形象定型，两浙地区修建了许多龙王庙。[1] 在北方，山东的一些沿海地区有龙王信仰的传统，几乎每个渔村都有龙王庙。元代开通了海漕粮运以满足京都粮食之需，妈祖信仰也开始随船北传，逐渐遍及北方沿海地区，和其他海神信仰融为一体，形成多神共存的海神信仰体系。这种多神共存现象最直观的呈现便是一庙中的多神合祀。海神庙中，不仅不同的海神共存，且作为内陆神灵的财神也有一席之地。不同"派别"、地位、功能的神灵被共纳于同一庙宇空间之中，形成多神共存的格局，已成寻常现象。

以往关于海神信仰的研究主要集中在对南方妈祖信仰的探讨，呈现"南热北冷"的特点。妈祖信仰传播范围广泛，传至不同地区之后，会与当地传统信仰的神灵形成各种共存模式。我国民间信仰的神灵系统本就多元而繁杂，又随社会变迁发生着从形式到内涵的嬗变。因此，外来的神灵信仰必须与当地社会结构进行磨合，契合各种社会群体的需求，才能被当地信众接受，成为当地的文化符号。那么，像妈祖这样的外来之神，传至其他沿海地区之后，是怎样融入当地原有的海神信仰体系，并最终在民众心中形成信仰叠合的呢？叠合的过程又是基于怎样的内在逻辑呢？这是本文研究的方向，而首要的，就是建立起有效的理论指导与相应的研究框架。

二 信仰认同的相关理论

学界关于外来神灵被接受并被纳入当地海神信仰体系，进而与本地海洋神灵形成特定关系的研究已经形成系列理论，主要包括"神灵竞争－互动"论、"信仰结构－行动"论、"叠合认同"论，这些构成了本文海神信

---

[1] 陈国灿、鲁玉洁：《略论宋代东南沿海的海神崇拜现象——以两浙地区为中心》，《江西社会科学》2016 年第 7 期，第 115 页。

仰"叠合认同"的理论基础。

（一）"神灵竞争 – 互动"论

中国民间信仰具有多神崇拜、兼容并包的特点，不同派别、职能的神灵被纳入同一体系之中。基于这一特质，不少研究都涉及在同一信仰结构中各神灵之间的竞争与互动关系，主要有以下四种理论。

第一，"神的标准化"理论。妈祖是我国影响最广的海神，由于妈祖信仰起源于福建莆田并以此为中心向其他地区传播，因此南方的妈祖信仰往往被认为是最正统的。现有的国内海神信仰研究中，多以妈祖研究为主，并且多将福建地区的妈祖信仰作为参照标准。詹姆斯·沃森基于华南沿海妈祖信仰的研究提出"神的标准化"概念，这一概念具体包含了两层含义：一是一个神灵被官方塑造为国家性的神，其他地方性神灵要让位于这一国家所允准的神；二是该神灵对于不同主体指向不同的内涵和象征意义。[1] 杜树海认为，沃森注意到同一神明对于不同群体的内涵差异这一点，实质上是走出了自涂尔干以来一直强调宗教的社会整合维度的研究传统，从而让社会中不同层次的人都构建出各自对国家认可神明的表述。[2] 李凡指出，"神的标准化"理论一经问世就成为民间信仰研究中强有力的解释工具，但"神的标准化"有其局限性，并不能适用于所有地区。传至北方的妈祖信仰与南方的妈祖信仰呈现不同的供奉格局和信仰模式。神灵信仰要与传播地的文化相融合才能实现本土化，而本土化会在一定程度上消解标准化，无法实现彻底的"标准化"。[3] "神的标准化"理论将不同神灵、不同信仰主体置于同一个互动场域之中，既体现出信仰的多样性与主体差异性，背后又蕴含着内在一致性。

第二，"官方 – 民间"论。由于我国古代官方正统信仰和民间信仰长期处于双重并存的状态，早期的民间信仰也往往呈现"官方 – 民间"的二元模式。因此"官方 – 民间"维度下的外来神灵与本土神灵竞争与互动也形成了一系列的观点与理论。鲁西奇认为，汉唐时期的国家山川岳渎祭祀基本

---

① 韦思谛：《中国大众宗教》，陈仲丹译，江苏人民出版社，2006，第 57～60 页。

② 杜树海：《中国文化的一统与多元何以达致？——中西学界有关神明"标准化"与仪式"正统行为"的争论》，《民俗研究》2013 年第 4 期，第 57～65 页。

③ 李凡：《山东地区妈祖信仰研究》，博士学位论文，山东大学，2015。

上属于国家以意识形态为核心的政治文化系统，往往与平民百姓有所疏离，所以国家祭祀的海神并不一定是沿海民众信仰的海神。① 黄太勇指出，中国古代海神崇拜逐渐演变为两个系统：一个是由官方册封和祭祀的四海神系统，另一个则是民间人格化的海神崇拜系统。② 王芳辉指出，在中国东南，几乎每一个县、州、府都指定一座由官方负责祭祀的妈祖庙宇，这使得妈祖庙宇呈现官方与民间庙宇双重并峙的景象。③ 近年来，随着社会的需要和文化的发展，学界越发注重对民间信仰中官方与民间的互动研究。宋宁而、杨丹丹指出，国家祭祀和民间祭祀在中国历史上一直呈互动发展关系，妈祖崇拜上升为国家信仰也正是因为宋朝统治阶层对民间信仰持开放宽容态度。④ 陆群指出，民间社会要复兴自己的仪式，必须运用好国家符号，以显现国家的"在场"；在当代非物质文化遗产保护运动的背景下，国家又会主动把民间仪式的管理纳入国家事务之中，这是一个双向需要和双向运动的过程。⑤ 张士闪认为，国家政治与民间生活并非水火不容，民间之"俗"对国家之"礼"一直具备着应变活力。当今中国在官方之礼与民间之俗之间寻求文化共享与认同的趋向也日益鲜明。⑥ "官方－民间"理论视角从二元对立到互动发展的变化，呈现了我国当前民间信仰在政策空间中寻求正统化与合法化的发展路径。

第三，"信仰空间"论。在社会科学"空间转向"之后，空间成为学界的一个重要研究对象，空间内的互动蕴含着丰富的社会意义和复杂的社会关系。⑦ 李向平、杨杨认为，信仰层面的人神关系与实践层面的人人关系有

① 鲁西奇：《汉唐时期王朝国家的海神祭祀》，《厦门大学学报》（哲学社会科学版）2017 年第 6 期，第 65 ~ 75 页。
② 黄太勇：《元代天妃崇拜的三个问题新探》，《中国海洋大学学报》（社会科学版）2014 年第 6 期，第 64 ~ 68 页。
③ 王芳辉：《标准化与地方化——宋元以来广东的妈祖信仰研究》，《文化遗产》2008 年第 3 期，第 98 ~ 105 页。
④ 宋宁而、杨丹丹：《我国沿海社会变迁与海神国家祭祀礼仪的演变》，《广东海洋大学学报》2013 年第 2 期，第 1 ~ 7 页。
⑤ 陆群：《民间仪式中的国家在场——以湘西花垣县大龙洞村苗族接龙仪式为例》，《中南民族大学学报》（人文社会科学版）2013 年第 6 期，第 63 ~ 67 页。
⑥ 张士闪：《"借礼行俗"与"以俗入礼"：胶东院夼村谷雨祭海节考察》，《开放时代》2019 年第 6 期，第 148 ~ 165 页。
⑦ 黄晓星、郑姝莉：《作为道德秩序的空间秩序——资本、信仰与村治交融的村落规划故事》，《社会学研究》2015 年第 1 期，第 190 ~ 214 页。

着内在的同构性，具有显著的在地依赖关系，即依赖于一定的地域与空间安排，呈现"空间定位"的特征。① 孙晓天指出，在辽宁大孤山庙宇群落这个诸教并存、多神共处的"神圣空间"里，妈祖作为一个被国家认可并被当地民众逐渐接受的外来之神，逐渐将当地诸神共存的"信仰空间"标准化，从而取代其他神灵，成为当地神圣空间中的主要神灵。② 许哲娜认为，妈祖庙的空间属性由信众的情感体验累积而成并最终加以定义。在福建漳州地区，妈祖庙的信仰空间与社会空间高度契合，这种特质使得妈祖信仰在当地持续稳固地发展。③

第四，"神灵流动"论。上述三种理论更倾向于探讨不同神灵在一个场域中的竞争，而"神灵流动"论强调的却是在我国的民间信仰体系中，多神共存现象更多地是以交互影响的状态存在着，并非单纯的竞争关系。闵祥鹏指出，由于人们对海神护佑的迫切心理需求以及汉唐之际开始的多元文化传播，不同地域之间的海神信仰得以相互融合。尤其是在佛教传入我国后，其中的异域宗教元素更与我国传统海神观念融合，形成了我国早期海神信仰的多元化格局。④ 单百灵指出，原始海神信仰在刚产生之时具有同源性，海洋文化有着开放性和包容性的特质，海神信仰也会随着族群间的交互，伴随着经济、政治的交流而潜移默化地流动着，形成跨境信仰杂糅交互的局面。⑤ 卢云峰指出，在汉人的民间信仰中存在着神灵流动的某些特征，它们可以跨越宗教的门户界限，为各宗教传统所接受。华人社会中大多数有影响力的神灵都在各宗教传统中通行无碍，比如妈祖这一类原本始于地方民间信仰的神祇被正统的道教接纳。⑥ 以动态化的视角去考察神灵及

① 李向平、杨杨：《从空间定位到空间错位——城镇化过程中民间信仰方式的转型》，《东南学术》2019 年第 3 期，第 200~207 页。
② 孙晓天：《辽宁地区妈祖文化调查研究——以东港市孤山镇为例》，博士学位论文，中央民族大学，2011。
③ 许哲娜：《信俗、日常生活与社会空间——以漳州市区妈祖信俗的田野调查为例》，《民俗研究》2012 年第 5 期，第 79~88 页。
④ 闵祥鹏：《区域生存意识、功利性思想与汉唐海神信仰的演变》，《社会科学》2011 年第 3 期，第 163~170 页。
⑤ 单百灵：《迁徙与跨界：环南中国海海神信仰交互性研究》，《海南大学学报》（人文社会科学版）2014 年第 4 期，第 46~50 页。
⑥ 卢云峰：《从类型学到动态研究：兼论信仰的流动》，《社会》2013 年第 2 期，第 33~52 页。

信仰的跨界流动，可以比较清楚地勾勒出多重信仰结构的发展路径以及诸神之间的竞争与互动。

（二）"信仰结构 – 行动"论

民间信仰与人们的所处环境密不可分，无论是庙宇这一具体的物质载体环境，还是宏观的社会结构环境，都是信仰内在逻辑的呈现，同时又影响着信仰实践。信仰在这种结构之中呈现动态化的变迁过程。这一理论主要涉及以下三个方面。

第一，"物质载体"论。庙宇是民间信仰活动最重要与核心的场所，"村村皆有庙，无庙不成村"几乎是乡土中国的真实写照。① 安华涛指出，祠庙是信仰的物质载体，最能直观地反映神灵受到崇拜的程度。元代传入海南岛的妈祖信仰虽晚于当地的冼夫人信仰，但发展势头强劲，妈祖庙已经形成环状连线分布。② 王新艳指出，海神信仰在涉海实践中被创造出来，面对当前变化迅猛的海洋实践，探讨作为海神信仰活动的场所与空间载体的海神庙的重建的社会学意义，在一定程度上可以推动海洋实践在现代语境中的意义延伸。③

第二，"社会结构"论。海外学者对中国信仰的研究很多都是始于海岛，通过海岛文化来研究中国文化，倾向于把海岛的神灵信仰视作国家权力与社会结构的一种地方展演，实质是对涂尔干研究范式的沿袭。④ 李峻杰指出，清代山西的水神祭祀多受国家祭祀政策和地域历史环境因素的影响。同时山西民众又根据自身的现实需要，结合当地的历史文化和信仰传统，不断建构和丰富着属于自己的水神世界。⑤ 宋建晓指出，台湾妈祖信俗与传统乡土社会紧密结合，形成了一个个以妈祖信俗为核心的祭祀圈和信仰圈。

---

① 张祝平：《中国民间信仰的当代变迁与社会适应研究》，中国社会科学出版社，2014，第 17 页。

② 安华涛：《祠庙与祭祀——海南冼夫人、妈祖信仰比较研究》，《海南大学学报》（人文社会科学版）2015 年第 5 期，第 123～130 页。

③ 王新艳：《公共空间与群体认同：海神庙重建的社会学意义——莱州市三山岛村海神庙的个案研究》，《中国海洋大学学报》（社会科学版）2018 年第 3 期，第 46～50 页。

④ 田兆元：《民俗研究的谱系观念与研究实践——以东海海岛信仰为例》，《华东师范大学学报》（哲学社会科学版）2017 年第 3 期，第 67～74 页。

⑤ 李峻杰：《逝去的水神世界——清代山西水神祭祀的类型与地域分布》，《民俗研究》2013 年第 2 期，第 87～100 页。

现代化的影响使得台湾妈祖信俗与当代乡土社会的互动进程不断加速,影响领域越发广泛。妈祖信仰的政治化、商业化、遗产化、国际化也反过来加速了妈祖信俗在当代社会的转型和发展,其形式与内容变得越来越复杂,呈现后乡土时代的特征。① 民间信仰的生成及发展与社会结构之间有着内在的生成机制,两者密不可分、互动并行。

第三,"结构-实践"论。朱雄君从"结构-行动"理论的视角对乡风民俗的变迁动力进行理想类型分析,他提出结构要素的断裂、变异与突现形成的"内驱力",农村社会结构的变迁、文化的融入、政治与社会力量干预形成的"外引力",乡民主体实践中的适应性实践、反思性实践产生的承动力,共同推动乡风民俗的时代演进与变迁。② 李向平指出,当代中国信仰的公共建构,其实就是核心价值观在国家、社会及个人层面的不同践行与公共认同。民族民间信仰或宗教信仰能够直接成为当代中国文化发展、社会建设的"软实力",正好与中国社会更深一步的改革开放问题紧密联系。③ 只有充分认识和把握民间信仰背后的社会结构,才能使其适应现代社会的变迁。

(三)"叠合认同"论

近年来学界对于民间信仰中多神共存现象的研究逐渐深化,并逐渐关注到其中的内在结构与运作逻辑。基于相关研究,可以用"叠合认同"的范式来解释这种信仰模式。

第一,"神人互惠"论。李向平、李峰从"神-人"关系建构的视角出发,重点关注了"神人互惠"这一关系模式,他们认为中国的信仰模式体现出"神人互惠"的双向关系,多神信仰者比一神信仰者更认同这种"神人互惠"的关系。④ 安华涛认为祭祀是一种"报本反始"的行为,即人神之

① 宋建晓:《台湾妈祖信俗与乡土社会的互动发展研究》,《世界宗教研究》2019 年第 4 期,第 106~113 页。
② 朱雄君:《乡风民俗变迁动力的理想类型分析——基于"结构—行动"的视角》,《社会学评论》2013 年第 3 期,第 86~96 页。
③ 李向平:《面向社会的认同与共识——核心价值观与中国人的信仰方式》,《西北民族大学学报》(哲学社会科学版)2014 年第 6 期,第 1~6 页。
④ 李向平、李峰:《"神人关系"及其信仰方式的构成——基于"长三角"地区的数据分析》,《社会学研究》2015 年第 2 期,第 174~191 页。

间是一种报答关系，但神灵在祭祀中的地位却是由人来决定的。① 这一看法也渗透着"神人互惠"的观点。沈胜群指出，清代旗丁泊船祭祀不仅注重灵验，而且因祭祀而形成的商贸经济带来了实在的效益，既方便了旗丁北上，也贴补了沿线百姓的生计，因此具有较强的"神人互惠"意味。② "神人互惠"的理论视角从内在挖掘了中国的多层复合信仰结构，揭示出中国民间信仰以人为本而非以神为本的实质，体现了"叠合认同"模式研究民间信仰的合理性所在。

第二，"叠合认同"逻辑论。"叠合认同"这一模式由杨凤岗提出，他以梳理美国－华人－基督徒宗教皈依和认同建构的逻辑，建构了多元的"叠合认同"模型。③ 方文在此基础上指出，宗教认同建构的"叠合认同"模型具有普遍穿透力，从规范意义上讲，宗教皈依和融合都内含"叠合认同"的逻辑。将其进一步推演的话，"叠合认同"可以脱离其构造的宗教和移民研究语境，指向普遍的生命过程。"叠合认同"是一种内在的机制和动力学，指向的是任何个体"多元一体"的生命建构，是高度抽象和难以把握的。④ 李向平提出，就中国的语境而言，信仰之间的交融首先需要的是其信仰认同真正被纳入社会中去，成为人们的信仰认同方式。中国信仰的统一性与多样性的复杂关系使得信仰体系的结构及其实践方式非常重要，而真正得以交往的往往不是信仰本身，而是各自信仰实践的神圣符号与伦理架构。⑤ 所以，这种不同信仰的"叠合认同"是一种多种信仰关系的建构，从而兼顾并整合起各方的信仰。张晓艺、李向平指出，个体认同能够随时间而改变，这取决于个人体验与社会变迁。受此影响，信仰者和他们的信仰方式也表现出多元分化的整体格局。中国人信仰认同的实践逻辑以灵验性为核心，具有"叠合认同"的特征，"叠合认同"即多种认同的巧妙

---

① 安华涛：《祠庙与祭祀——海南冼夫人、妈祖信仰比较研究》，《海南大学学报》（人文社会科学版）2015 年第 5 期，第 123～130 页。
② 沈胜群：《"泊船祭祀"与"人神互惠"——清代漕运旗丁崇祀文化的规制与功效》，《民俗研究》2018 年第 5 期，第 77～78 页。
③ 杨凤岗：《皈信·同化·叠合身份认同：北美华人基督徒研究》，民族出版社，2008，第 220～222 页。
④ 方文：《叠合认同："多元一体"的生命逻辑——读杨凤岗〈皈信·同化·叠合身份认同：北美华人基督徒研究〉》，《社会学研究》2008 年第 6 期，第 214～223 页。
⑤ 李向平：《建构"公民－民族－宗教"间的"叠合认同"——以基督教与伊斯兰教的对话为例》，《西北民族大学学报》（哲学社会科学版）2015 年第 4 期，第 9～16 页。

融合。① 这种信仰"叠合认同"的逻辑，与中国民间信仰的多样性和复杂性是相通的。

综上所述，以上神灵认同的理论实际是从三个维度对神灵被纳入海神信仰体系的原因所做出的阐释。"神灵竞争－互动"论注重的是神灵被接纳的"过程"；"信仰结构－行动"论关注的无疑是社会结构与信仰行为之间的关系，是将社会学的结构二重性框架运用于信仰文化领域的尝试；"叠合认同"论阐述的则是不同神灵被纳入同一体系的认知逻辑，是对信仰内在逻辑的剖析。由于本文所关注的海神信仰中的多神共存现象，本质上正是对多神的叠合及认同，因此，本文汲取上述三种理论体系的成果，从认同的内在逻辑、认同的外部结构环境以及认同的推动过程三个方面进行研究框架的构建，力图在继续丰富这一内涵的同时，更好地把握海神信仰的多样性以及背后深层的内在一致性。

三 海神信仰"叠合认同"的内涵、要素与特点

（一）海神信仰"叠合认同"的内涵

基于不同视角下的思考，神灵信仰的"叠合认同"被建构为在信仰体系复杂多样的特质之下，个体或一个群体将多种信仰巧妙融合起来，形成符合自己生活环境和社会结构实践逻辑的"叠合认同"模式。叠合并非随意的无序叠加，而是有着自己的内在结构，既体现出各路神祇的多样性，背后又有着内在的一致性。"叠合认同"的模式在中国民间信仰的语境中是相当适用的，民间信仰体系的芜杂、神明的众多使得信仰的"叠合认同"成为一种常态，多个神灵能够和谐共存于同一个信仰空间之中，而海神信仰的特殊性使得这种模式体现得更加突出。海神信仰体系中不仅包含了不同的海神，甚至还有内陆神灵加入，并被赋予了海神的神格。运用信仰"叠合认同"模式可以更好地理解海神信仰的内在结构，厘清不同层次信仰要素之间的主次之分与神祇的和谐共存状态，把握海神信仰的多样性以及背后更深层的内在一致性，从而思考海神信仰在促进海洋意识和整合海洋

---

① 张晓艺、李向平：《信仰认同及其"认同半径"的建构——基于津、闽、粤三地妈祖信仰的比较研究》，《东南学术》2016 年第 6 期，第 204～212 页。

文化过程中所发挥的功能。因此，本文中的海神信仰的"叠合认同"，是指在特定沿海地区的同一海神信仰体系中，多个神灵共存并被巧妙融合，形成符合当地涉海生产生活的社会环境与社会结构的实践逻辑、具有固定内在结构的认同模式。

（二）海神信仰"叠合认同"的要素

要解析海神信仰"叠合认同"模式的内涵，首先必须对其中所包含的要素进行梳理与厘清，从而更好地理解这种模式的结构，为下文建构研究框架提供一个重要基础。具体来说，构成海神信仰"叠合认同"的基本因素主要包括下述三个方面。

第一，海神信仰体系的特质。世界各地的海神信仰体系普遍呈现相当庞杂的特质，我国的海神信仰体系的这一特点尤为显著，与一神信仰大不相同。神灵信仰的多元化现象在我国本就极为常见，但海洋神灵信仰之多、之杂、之奇及其融合现象，却为内陆所少见。[1] 海神类型的多样化使得海神信仰体系及海神庙和相关祭拜仪式呈现多样叠合的特点，不同神祇的职能不尽相同，可以功能互补；即便有重合的职能，也是多多益善，福上添福。海神信仰体系的这种特质是海神信仰"叠合认同"得以形成的前提条件。

第二，海神信仰的内在结构。海神信仰体系中虽然包含着不同派别、不同职能的各路神灵，但并非简单的叠加和杂糅。在多神合祀的海神庙中，主祭神和陪祭神的地位十分明确，以相应的供奉格局呈现出来。地区和文化的差异使得各地的主神与副神大不相同，这其中蕴含了特定的内在逻辑。除海神之外，沿海民众还同时信仰着诸多民间"杂"神，他们也被纳入当地的海神信仰体系之中。这种多层、复合的内在结构要素是海神信仰"叠合认同"存在的决定性因素，它以一种和谐的整合力量将不同海神甚至是内陆神灵融合在一起，人们既可共同祭拜，又可各取所需。

第三，海神信仰的外部结构。信仰的孕育和发展需要相应的社会土壤，并且随社会发展而变迁，以适应现实的社会需要。我国地域辽阔，海岸线漫长，不同地区都有着自己的独特文化，生成了多样化的海神信仰。社会结构带来的风险与不确定性，催生了巨大的信仰需求。与陆地相比，海洋

---

[1] 姜彬：《东海岛屿文化与民俗》，上海文艺出版社，2005，第 429 ~ 432 页。

环境的特殊性使得这种需求更为迫切和突出。同时,海洋作为地区间互动的一个重要媒介,可以呈现地区之间人口流动交往的动态过程。海洋的地理特征对于沿海地区的人口及文化流动具有重要意义,形成了社会结构的各层面变化。妈祖信仰源于海洋,并通过海路得以远扬四海,影响了其他地区的海神信仰。因此,外在结构要素为海神信仰的产生、发展和传播提供了条件,是海神信仰"叠合认同"的客观基础。

(三) 海神信仰"叠合认同"的特点

海神信仰的"叠合认同"既蕴含着民间信仰的普遍特质,又因海洋环境的特殊性而使某些特质表现得更为突出,具有鲜明的海洋特色,是民间信仰普遍性和海洋环境特殊性的有机统一。

第一,与海洋社会的互构性。海神信仰是经过长期的海洋生产生活实践在沿海地区民众中兴起并发展起来的民间信仰,与海洋环境息息相关,究其本质不能脱离海洋社会的属性。海洋社会是海神信仰生成与发展的场域,这种涉海性[①]使得海神信仰与内陆地区的民间信仰存在差异。此外,在沿海地区,不同的地域、文化等因素又会形成各地海神信仰体系之间的差异。正是这种差异的存在使得海神信仰呈现多样性和复杂性,因此海神信仰的"叠合认同"必然需要符合当地社会结构,从而形成信仰实践的运作逻辑。同时,海神信仰也承载着沿海居民对其生活环境的想象与建构,有着悠久历史的海神信仰已深深扎根于沿海地区的社会结构之中,根据陈彬、刘文钊的说法,这是一种"深层次的信仰惯习"[②]。各神祇承担的职能不同,满足了民众不同方面的需求和向往,对当地文化和民众们的行为方式具有重要的形塑作用,并参与到海洋社会的建构过程之中。

第二,信仰体系的多样复杂性。海神信仰在世界各地多属民间信仰,而民间信仰往往体系复杂而多样,我国的民间信仰则尤为显著,呈现强大的渗透性和嵌入性,从而在某种程度上形成了你中有我、我中有你的态势。[③]

---

① 陈涛:《海洋文化及其特征的识别与考辨》,《社会学评论》2013 年第 5 期,第 85 页。
② 陈彬、刘文钊:《信仰惯习、供需合力、灵验驱动——当代中国民间信仰复兴现象的"三维模型"分析》,《世界宗教研究》2012 年第 4 期,第 102 ~ 103 页。
③ 刘芳:《人类学、社会学民间信仰研究的结构范式与视角创新》,《广西民族研究》2014 年第 4 期,第 57 ~ 65 页。

在我国的民间信仰逻辑中，人们相对地更容易在保持原有信仰的基础上接受新的信仰或者神明，甚至常常呈现多多益善的累加性特征，践行着中国文化中的实用主义逻辑。但这种累加性特征不会破坏原有的信仰体系，新的信仰往往与原有的信仰有共通之处，正是这些共通促成了信仰之间的"叠合认同"。在这种信仰土壤之上，海神信仰具有混合性的特质，属于不同教派、担任不同职能的神灵可以进行同质化的类比、居于同一信仰空间之内，这是一种"众神可交替性"①，因而呈现一种多层复合的信仰逻辑。

第三，信仰文化的内在构造性。海神信仰行为本质上是文化行为，体现着民俗文化的固有特征。我国海神信仰呈现中华文化兼容并包、博采众长的固有特质，同时又在包容后形成了内在一致性。海神信仰的多元化格局有着漫长的历史发展过程，关于海洋的信仰最初是海洋生物相关的原始图腾崇拜。到汉唐时代，随着佛教的传入，我国的原始海神、鱼龙崇拜和佛教中的龙王神话相互融合，进而有了对龙王的信仰。宋代以来，以妈祖为代表的"凡人"羽化成海神，各种民间海神纷纷涌现。在这一历史过程中，多种海神被塑造出来，既有妈祖、龙王这样信众比较广泛的神灵，也有地区性的海神，从而形成了多样化、复合型的海神信仰结构。莫兰认为，文化作为再生系统，构成了准文化编码，从而保障着它的自我延续，并免于混乱和无序。② 田兆元指出，海岛信仰并非无序，而是有着较为严整的逻辑，存在着不同形式的谱系。③ 海神信仰作为一种信仰文化，拥有相应的文化谱系，是系统性和秩序性的。海神信仰的"叠合认同"也并非机械地堆积，而是依靠自身的内在逻辑，对多种认同实施巧妙的融合。这种内在构造性以一种整合力量将不同海神甚至是内陆神灵纳入一个体系之内，形成和谐共存的状态。

第四，"神人互惠"性。海神信仰体系包含众多的神，因而存在着"众神之争"，人对神的选择也更具主动性，哪位神灵的职能更多、更灵验，就会吸引更多的人来祭拜，由此衍生出一种双向的"神人互惠"关系，灵验性便是这种神人互动模式的重要驱动力。信仰唯一神的宗教追求的是超验，

① 卢云峰：《从类型学到动态研究：兼论信仰的流动》，《社会》2013 年第 2 期，第 33～52 页。
② 莫兰：《迷失的范式：人性研究》，北京大学出版社，1999，第 149 页。
③ 田兆元：《民俗研究的谱系观念与研究实践——以东海海岛信仰为例》，《华东师范大学学报》（哲学社会科学版）2017 年第 3 期，第 67～74 页。

信众间更可能形成基于个体平等之上的团体性信仰格局；而多神信仰则追求实际的利益，更易导致个体本位的私人性信仰格局①，是一人多神的互动，这种关系有利于实现外在条件和信众内在需求的多方面契合，从而保持了海神信仰体系的多样性。在这样的信仰体系中，人是信仰关系的核心，“叠合”是由于神的多样性，“认同”与否则取决于人。这种“神人互惠”性是民间信仰功能化与实用性的一种映射。

第五，适应性与反思性变迁。海神信仰是一个变迁的过程，神祇的类型、派别、职能等都随着社会发展而发生了巨大的变化。在现代化进程中，许多传统渔村存在着陆化趋势，海神信仰之所以能够传承下来，正是因为其不断调整，从而契合了现代社会的需要。同时，不同地区之间的信仰也在相互交融，既涉及沿海地区之间的交互，也包括内陆和沿海地区之间的交互，这是一种适应性的策略。

海神信仰是沿海民众基于一定的时空构建而成的，包含了许多来自海洋生产生活实践的具体经验性知识。但随着时空的推移，现在航海技术和造船技术日新月异、不断提升与变化，海难也不像以前那样经常发生，从前的经验性知识已不再具有原来的效力，祈求海神的庇佑心理似乎也已经过时。在这一条件下，沿海民众、渔村村民也会在实践中主动对海神信仰进行改造，把其作为发展文化民俗、推动渔村建设的一个重要动力。可以说，海神信仰具有现代性的反思性，从而在结构上影响海洋实践，并由此使其成为当代沿海社会结构转型的一种建构要素。这种反思性与适应性变迁为海神信仰的多元发展和交互传播提供了重要的发展空间与传播路径。

四　海神信仰“叠合认同”的研究框架

海神信仰“叠合认同”的支撑理论提供了思考必要的维度，内涵、要素与特征的阐释则揭示了这一概念的本质属性，基于以上发现，本文提出海神信仰“叠合认同”的一般性研究框架。

---

① 李向平、李峰：《“神人关系”及其信仰方式的构成——基于“长三角”地区的数据分析》，《社会学研究》2015 年第 2 期，第 174～191 页。

（一）内在特质

海神信仰体系是一个结构性的整体，其内部的构成要素之间存在着相互性关系和结构性张力，而结构性要素的断裂、变异和突现会促成内部的驱动力。在传承的过程中，因为某种原因导致传承无法继续下去，会形成结构要素的断裂。变异就是要素在传承的过程中因为某种原因在内涵与形式上发生了变化。突现则是因为随着社会发展，新的要素产生并被吸纳进来。[①] 这是内在要素的变迁，从而生成并影响着海神信仰"叠合认同"的内在特质。

第一，神圣性的减弱与世俗性的加强。民间信仰与世俗社会紧密联结，这一特征为信仰的广泛传播提供了所需土壤。正如刘创楚、杨庆堃所指出的，中国民间信仰依附于世俗制度之中，在中国社会的村镇中，庙宇普遍存在，满眼都是鬼神。[②] 海神信仰更是与海洋环境息息相关，沿海地区分布着诸多海神庙宇，尤其是在渔村，海神崇拜之风更为兴盛，渔民对海神的信仰渗透在每个鱼汛的主要环节和日常礼俗的方方面面。

神灵信仰的形成有着漫长的历史发展过程。关于海洋的信仰很早就开始萌芽，最早与海洋生物的原始图腾崇拜有关。到了汉唐时代，随着印度佛教的传入，我国的原始海神、鱼龙崇拜和佛教中的龙王神话相互融合，进而有了对龙王的信仰。刘芳认为，汉唐以来佛教中国化的过程，很大程度上也是中国佛教"民间信仰化"的过程。[③] 这是一个祛魅的过程，神性在消减、人性在凸显，呈现一种普遍的世俗化，民间信仰化和信仰世俗化双向并进。同时，海神本身也在人格化。龙是中国传统的图腾之一，佛教传入中国之后，作为神的龙王和作为兽的龙逐渐融合，龙王信仰进而普遍化，并且在外形和行为方式等方面逐渐人格化。宋代以来，以妈祖为代表的"凡人"羽化成海神，他们的原型真实存在，因生前品性善良、乐于助人，死后被人们当作神灵来祭拜。从历史的发展进程来看，中国的海神形象是

---

① 朱雄君：《乡风民俗变迁动力的理想类型分析——基于"结构—行动"的视角》，《社会学评论》2013年第3期，第86~96页。

② 刘创楚、杨庆堃：《中国社会：从不变到巨变》（第二版），香港中文大学出版社，2001，第75~76页。

③ 刘芳：《人类学、社会学民间信仰研究的结构范式与视角创新》，《广西民族研究》2014年第4期，第57~65页。

从海生动物到人形神，再到人羽化成神演变而来的。在这一历史发展进程中，一方面，各种海神被塑造出来，担负着不同的职能，形成多样化的海神体系；另一方面，海神越来越真实、平易近人，与信众的距离不断缩小，这也是妈祖传至福建以外地区仍被广泛接纳的一个重要原因。

第二，多神祇的融合与主体神的明确。民间信仰往往不具有明确单一的宗教信仰认同。如卢云峰所指出的，信仰一神的宗教是排他主义的，而我国的宗教信仰则与综摄主义密切相关，并且还会在实际的发展过程中从民间信仰中汲取营养。[①] 在这样的情境下，多种信仰融合便在情理之中。詹姆斯·沃森指出，中国的大多数村民都已经对一种包罗万象的"中华文化"予以认同[②]。神灵信仰的多元化现象在我国本就很普遍，但海洋神灵信仰之多、之杂、之奇及其融合现象，却为内陆所少见。龙王具有佛教里神灵的属性，妈祖属于道教神，[③] 不同地区还信奉着自己当地的民间神，它们分属于不同派系，却被渔民们和谐地融合在了一起，这是渔民在生产实践中形成的信仰模式。

海神信仰虽然包含各种神灵以及海洋生物，但也是一个以主神为核心的、层级分明的系统性信仰体系，信仰场所和活动仪式也呈现复杂叠合的特色。在有的庙宇中，妈祖是主神，居正殿；而在有些庙宇中，龙王是主位，妈祖则居于副殿。位次不同，祭拜的先后顺序也不同。以鱼、鳖等为代表的海生动物崇拜在中国海神信仰中也比较普遍，在人形神作为主流的现在，这些海生动物往往作为龙王的使者和兵卒，被纳入龙王的信仰体系之中，承担共同护佑沿海民众的职责。因此，海神信仰体系虽然庞杂，但往往以某一主神为主轴，各路神灵围绕主轴分布，形成相应的信仰结构。

第三，功利性的凸显和功能性的外延。与一般的宗教信仰相比，我国民间信仰的功能指向十分突出，灵验性便是功能性的一个要素和表现层面。[④]信奉主流一神宗教的教徒更重视神人交换之间的延宕性，他们渴望救赎，

---

① 卢云峰：《变迁社会中的宗教增长》，《北京大学学报》（哲学社会科学版）2010 年第 6 期，第 28～34 页。
② 韦思谛：《中国大众宗教》，陈仲丹译，江苏人民出版社，2006，第 57～60 页。
③ 姜彬：《东海岛屿文化与民俗》，上海文艺出版社，2005，第 429～432 页。
④ 张晓艺、李向平：《信仰认同及其"认同半径"的建构——基于津、闽、粤三地妈祖信仰的比较研究》，《东南学术》2016 年第 6 期，第 204～212 页。

所追求的是超验而非灵验；① 民间信仰的实践者则最看重神明是否灵验，因而使得人的选择更具主动性。被认为灵验的神明自然会香火旺盛，同时人们若认为某一神灵不灵验即可转拜其他神灵。所以民间信仰的精神核心是功利性而非虔诚性，海神信仰体系的多样复杂特质又使得功利性格外突出。神灵信仰的产生与信众所生存的环境密切相关，与陆地相比，海洋因其环境的特殊和未知带来的风险而具有更大的神秘性与不可知性，渔民要面对的环境比内陆居民险恶和复杂得多。如今尚且如此，从前自然更甚。在航海技术和造船技术都比较落后的条件下，出海的人更需要神灵庇佑的精神安慰。海神信仰的实质还是民间信仰。与制度性宗教不同，民间信仰呈现很强的实用主义色彩，不求来世、不信轮回，只求今生。海洋的特殊环境使这种实用性表现得更加突出，出海的人们要求神灵的庇护是实效型和急速型的，重在现场效果②，遥远的或是不切实际的愿望对渔民来说不是最关键的，这映射出了中国文化中的实用主义逻辑。

信仰的功利性使得海神的职能也在外延。海神主要是渔民出海的保护神，但渔民的生活并非只有出海打鱼这一项活动，在经历生老病死的一生中，他们也会遇到许多其他的困难、有其他的需求，这时，海神就被寄予了多种职能，祈求能带来福报。因此海洋神灵的职责划分也经历了一个由简至繁的过程，祈福祛灾的指向性更强。在海神信仰诞生之初，渔民们主要是祈愿出海平安，随着航海专业的细化，相对应的专业神祇便应运而生，如引航神、港神、风神、潮神等③，这也丰富了海神信仰体系。此外，像妈祖这样的海神，其职能也在不断扩展，不仅保出海安全，在有些地方还承担着生儿育女、祛除病灾等职能，涵盖了人们生活的方方面面。对人们来说，万事皆可拜神。海神的类型和功能逐渐被拓展，其成为担负着众多职能的神灵。

（二）外部因素的重要条件

海神信仰"叠合认同"的形成，不仅需要内部驱动力，外部因素也为

① 卢云峰：《从类型学到动态研究：兼论信仰的流动》，《社会》2013 年第 2 期，第 33～52 页。

② 姜彬：《东海岛屿文化与民俗》，上海文艺出版社，2005，第 429～432 页。

③ 蔡勤禹、赵珍新：《海神信仰类型及其禳灾功能探析》，《中国海洋大学学报》（社会科学版）2015 年第 3 期，第 28 页。

其提供了重要条件和客观基础。

第一,社会结构及其变迁。民间信仰与人们身处的社会结构息息相关。信仰产生和发展需要相应的社会土壤,并且随社会发展而变迁,以适应现实的社会需要。海神信仰的形成和发展不是孤立的文化现象,而是一种文化谱系,与特定的自然环境、经济社会形态和文化传统密切相关。我国海岸线漫长,在不同地区生成了多样化的海神信仰。海洋环境带来的风险与不确定性,催生了人们对海神信仰的需求,与陆地相比,海洋环境的特殊性使得这种需求更为迫切和功利化。

不仅是沿海地区和内陆存在着差异,在沿海范围之内,城市和农村的海神信仰发展路径也大不相同。梁永佳指出,中国社会的一个重大特征是城乡二元结构,这一点却常被研究中国宗教的学者忽视。① 在城市,海神庙宇多具有官方性质,承载着经济、文化、休闲等多种功能;而在渔村,村村都有海神庙宇,海神崇拜之风多为自发兴起,一个村落往往不止信仰一种海神,更能体现出海神信仰的"叠合认同"。我国民间信仰具有世俗化的特征,内嵌于社会结构之中,并非独立的文化系统。在沿海渔村中,村民自发将妈祖信仰与当地原有的信仰体系结合起来,呈现地域化的特色。如在胶东地区,娘娘信仰比较普遍,当地民众便将其与妈祖信仰结合,称妈祖为海神娘娘。可以说,渔村为海神信仰的孕育提供了土壤,进而为信仰的多样性开拓了发展空间,形成芜杂的神灵系统。因此,海神信仰传统具有深远的历史传统和社会合法性根源。

我国的民间信仰活动曾经历了一段时间的中断,在 20 世纪 80 年代后半期,民间信仰的生存环境发生了重要变化,相关活动也逐渐复苏。同时改革开放的社会变革需求使得社会生产力得以快速恢复和发展,不少渔村的渔业生产由集体经营转变为各家各户自主经营。收入增加之后,渔民更有信心在渔具、船网方面加大投入,进一步提升生产能力。渔民生活富裕起来,便想要恢复多年间断的传统文化习俗,并开始重建海神庙宇,海神信仰遂又复兴。生产力的提升和生活水平的提高使人们越发追求物质上的生活,财神也越加普遍地受到欢迎,几乎每户渔民家里都有财神像,对多种

---

① 梁永佳:《中国农村宗教复兴与"宗教"的中国命运》,《社会》2015 年第 1 期,第 161 ~ 183 页。

神祇的信仰在沿海地区又繁盛起来。近年来，在非物质文化遗产保护的背景下，我国民间信仰发展繁荣，形成蓬勃发展、交互影响的局面。

第二，国家力量的干预。国家力量的干预对海神信仰的发展具有重要影响。我国很早就存在着对海神的崇拜，但早期缺乏系统性和稳定性，也没有受到社会上层的重视。在汉唐时期，官方的山川岳渎祭祀基本上属于国家以意识形态为核心的政治文化系统，国家所祭祀的海神是根据对于"天下"的构想而设计出来的、政治文化意义上的海神，并非民众信仰的、来自具体海洋的海神。因此，官方与沿海地区民众的海神信仰，基本上属于两个互不相涉、相对独立的系统。[①]唐朝在中后期开始衰落，失去了对西域的有力控制，汉代以来的丝绸之路也受到阻碍，于是对外交流的通道开始由陆路转向海洋。到了宋朝，统治者更是采取了面向海洋的开放政策，对外交往重心由西北地区全面转向东南地区，并掀起了中国历史上的"大航海运动"和规模空前的海洋开发热潮。宋朝统治者大开敕封之风，神因获得朝廷的封号而被纳入正统体系，这也支持了民间对神灵的信仰。这种政策使得许多民间的神灵拥有了合法性，从而推动了沿海地区的各种海神崇拜之风，促进了海神信仰的多样化，海神信仰也呈现专门化和系统化的发展趋向。比如龙王，宋代之前主要承担着兴风作雨的职能，是内陆地区普遍信奉的祈水之神，而非专门性的海神。宋以后，龙王作为海神的形象也逐渐定型[②]，成为沿海地区民众普遍认可的海神。

妈祖起初只是地方性的海神，被百姓们称为"仙女""神女"。历史上统治者首次对妈祖进行加封是在宋宣和五年（1123 年），宋徽宗赐"顺济"庙额，嘉许妈祖降桅显圣，庇护风浪中的使者船只这一神迹是妈祖由地方性海神向国家级海神转变的起点。此后，宋、元、明、清历代王朝对妈祖的屡次褒封总计 35 次，从最初的"灵惠夫人"，一步一步地加封晋爵，到清朝咸丰年间升至天后，[③] 获得了至高的尊誉。官方的重视有力推动了这一

① 鲁西奇：《汉唐时期王朝国家的海神祭祀》，《厦门大学学报》（哲学社会科学版）2017 年第 6 期，第 65～75 页。
② 陈国灿、鲁玉洁：《略论宋代东南沿海的海神崇拜现象——以两浙地区为中心》，《江西社会科学》2016 年第 7 期，第 113～121 页。
③ 王霄冰、林海聪：《妈祖：从民间信仰到非物质文化遗产》，《文化遗产》2013 年第 6 期，第 35～43 页。

全国性海神地位的塑造过程。妈祖的影响力也随着官方力量的支持而逐步扩散,传至其他地区,与区域性的海神信仰发生融合。

近代以来,对科学精神的追求渐盛,传统民间信仰走向式微。官方力量的介入使得包括海神庙宇在内的诸多庙宇被拆除,对海神的祭拜活动也随之中断。20世纪80年代后期,国家对民间信仰的态度开始转变,民间信仰的生存环境也逐渐复苏。在当下乡村振兴的背景下和非物质文化遗产保护运动的开展中,国家把民间信仰纳入了官方事务之中,这为民间信仰的复兴创造了有利的条件。同时,学界近些年来开始立足于中国本土来研究本民族的海洋文化,并认识到"海洋文化不是西方专利""中国也有海洋文化",意识到中国海洋文化的独特之处。作为中国海洋文化中极具特色的一个组成部分,海神信仰所蕴含的敬海观、祈海观等呈现了相应的海洋意识,会随着当代海洋实践的变迁而发生变化,成为"海洋强国""文化强国"的软实力。

第三,海运及文化输入。海洋贸易包括官方朝贡贸易与民间私人海上贸易两种方式,海神信仰便通过官方或者民间渠道得以传播,尤以妈祖信仰传播范围最广。[1] 张小军指出,天后崇拜在宋元时代已开始向北传,与漕运有关的大规模北传则始于元朝。元朝在北京定都,为了满足京都的粮食需求,国家便开了海运,国家漕运的贡粮(税粮和军粮)北运,由此带动了沿途的地方贸易。海漕粮运的南方粮船和闽浙粤船民在海运中会供奉天后来乞求海神的护佑,这一传统逐渐被国家接纳,于是便有了国家的天后祀典。天后崇拜也很快随着漕运贸易而遍及北方沿海地区,从山东半岛沿渤海湾直到辽东半岛均可看到天后庙的踪迹。[2] 港口的区位优势为妈祖信仰在北方沿海的传播提供了基础条件。乔万尼·阿里古等认为,与陆地贸易相比,海洋贸易包含了沿海地区贸易、跨海地区贸易和不同海域之间的海洋链贸易,这会使得一个开放、多元的文化圈出现,它们既联系紧密,又充满多样性。[3] 通过海路这一传播路径,不同的海神信仰相互交融,形成了

---

① 张宁宁:《妈祖文化海外传承的动因、方式与当代作用研究》,《中国海洋大学学报》(社会科学版)2019年第5期,第103~109页。

② 张小军:《天后北传与漕运贸易——一个文化资本的视角》,《南京大学学报》(哲学·人文科学·社会科学)2016年第4期,第84~96页。

③ 乔万尼·阿里古等:《东亚的复兴:以500年、150年和50年为视角》,社会科学文献出版社,2006,第23页。

多样的文化景观。

此外，许多异域文化元素也通过海路传至我国，与原有的海洋文化相结合，尤以唐朝为盛。当时许多使者被派遣至东亚、南海等地区的国家，因海难时有发生，他们在航行前都要祈求地域性海神的护佑。还有不少佛教徒经海路到各地弘扬佛法或者求取真经，鉴真等多位高僧都在惊涛骇浪之中祈求观音保佑，这是支撑他们求法的重要精神力量。观音作为海上保护神的地位也随着佛教的广泛传播而为沿海居民所熟知。佛教的异域宗教元素与我国传统海神观念相融合，形成了四海龙王的海神形象、女性海上保护神观音形象等；而我国民间信奉的地方海神如伍子胥、通远王、妈祖等形象也逐渐开始形成，① 我国早期海神信仰的多元化格局得以构建出来。

（三）承接因素

海神信仰在渔村海洋实践中的适应性与反思性实践，是海神信仰"叠合认同"的承接因素，使得海神信仰的"叠合认同"模式得以传承下来。这种适应性与反思性实践主要体现在以下三个方面。

第一，渔村社会共同体的身份认同建构。詹姆斯·沃森认为，大多数人类学家研究中国庙宇及其信仰时，更注重的是信徒的集体行为，因此中国的膜拜可以被看作公众价值观的一种表达。② 民间信仰原本是组织松散和边界模糊的③，但是渔村中的精英人物会有意识地带领大家把对海神的信仰维系下来。民间信仰总需依靠信众自发的力量来维持和推动，这实际上是中国社会精神生活领域的一种体现，有其存在的合理性，而且也成为传统民间信仰文化传承的主要因素。④ 在渔村中，海神庙宇是村民们的重要公共空间，对海神的信仰和祭拜仪式维系了同村人的认同感，成为社会团结的整合力量。王利兵指出，海南的海神兄弟公成为海外琼籍华人的重要"祖神"，其信仰是维系东南亚琼籍华侨与祖籍地关系的象征符号以及琼籍华侨

---

① 闵祥鹏：《区域生存意识、功利性思想与汉唐海神信仰的演变》，《社会科学》2011 年第 3 期，第 163～170 页。
② 韦思谛：《中国大众宗教》，陈仲丹译，江苏人民出版社，2006，第 59 页。
③ 卢云峰：《从类型学到动态研究：兼论信仰的流动》，《社会》2013 年第 2 期，第 33～52 页。
④ 张祝平：《中国民间信仰的当代变迁与社会适应研究》，中国社会科学出版社，2014，第 27 页。

认同的重要标识。① 在环南中国海地区的社会中，妈祖信仰将华人凝聚在一起，形成妈祖信仰圈，并随之逐渐发展出了特有的妈祖海神文化定式。② 在沿海的渔村，不管每个人虔诚与否，或者虔诚的程度如何，都被纳入这一海神信仰体系之中。所以，即使现在渔村里有不少年轻人已不再从事渔业生产活动，但他们仍然承袭着祖辈们留下的海神信仰传统，"离渔不离海"，并以此推动渔村社会共同体的身份认同建构。

第二，沿海地区的区域泛化。海洋作为地区之间互动的重要媒介，能够反映出地区之间人口流动交往的动态化过程，海与海之间的地理交汇对于沿海地区的人口流动和文化交往具有重要作用，从而在原有的基础上建构起新的社会结构。③ 海洋的流动性为人口的流动提供了条件，而人的流动则必然伴随着文化的流动，从而形成海神信仰交互共存的局面。发源于福建莆田湄洲岛的妈祖信仰不仅在南方沿海地区具有可观的影响力，还随着南方的商船北传，被纳入北方的海神体系之中，形成信仰交互共存的局面。对福建以外的地区来说，妈祖是外来之神，通过在沿海地区广泛地传播，成为一位广泛意义上的海神。一提到海神，人们不免会想到妈祖，妈祖作为外来之神被构建出了符号化的区域身份。

第三，海陆交融身份的现代性建构。在现代化的进程中，许多传统渔村已经显露出陆化态势，主要体现在产业结构变化、职业结构多元化等方面。同时，学界也在反思我国的海洋社会概念，认为海洋社会中的各种互动往往主要是陆地人群互动关系的延伸④，研究海洋也不能脱离陆地，这是我国海洋文化与西方海洋文明的一个显著不同之处。渔村无法脱离陆地而生存，当渔村的老年人不再出海时，便会转而从事农业；当下人们面对的职业选择十分多样，已经很少有年轻人愿意出海，而是更倾向于外出打工，选择一种陆化的生活方式。渔业对农业具有依赖性，同时渔业的发展也离

① 王利兵：《流动的神明：南海渔民的海神兄弟公信仰》，《中山大学学报》（社会科学版）2017 年第 6 期，第 142~152 页。

② 单百灵：《迁徙与跨界：环南中国海海神信仰交互性研究》，《海南大学学报》（人文社会科学版）2014 年第 4 期，第 46~50 页。

③ 麻国庆：《文化、族群与社会：环南中国海区域研究发凡》，《民俗研究》2012 年第 2 期，第 34~43 页。

④ 宁波：《关于海洋社会与海洋社会学概念的讨论》，《中国海洋大学学报》（社会科学版）2008 年第 4 期，第 18~21 页。

不开商业，这为财神和其他内陆神灵进入海神信仰体系提供了动因。渔民们为了方便祭拜，便将财神信仰与主要的海神信仰逐渐融合，并入其信仰体系之中，但地位次于龙王、妈祖等神祇，在海神庙中位居侧殿。高丙中指出，财神已经成为全国各城乡的相关宗教信仰场所的标准配置，在海神庙宇中也经常能看到财神，荣成院夼渔民谷雨祭神的仪式便是要一一祭拜龙王、妈祖、财神。庙中主殿是龙王殿，左下是妈祖娘娘殿，右下是财神殿。对于思虑周全的农民来说，哪一个神都要拜到。① 这不仅是中国民间信仰体系多样性的体现，还是海陆交融身份的现代性建构。

（四）三者共同推动海神信仰的“叠合认同”过程

在海神信仰“叠合认同”的过程之中，海神信仰的内在特质是“叠合认同”的前提，内在结构性要素的断裂、变异和突现促成内部驱动力，形成了海神信仰的基本结构和逻辑；外部因素是重要条件，社会结构的变迁、国家力量的干预和海运及文化输入为海神信仰的流动和变迁提供了客观的基础，使得海神信仰有了发展的外在动力；渔村海洋实践中的适应性实践和反思性实践作为承接因素，在现代化的进程中，促使海神信仰传承、传播以及和内陆神灵的交融，使其随着时代需要发展，符合现代潮流，由此推动了海神信仰的“叠合认同”。这是三者关系的实质所在，正是这三方因素的结合，共同推动了海神信仰的“叠合认同”进程。

五　结论与反思

作为海洋文化的重要组成部分，海神信仰越发受到学界的关注，但以往对于海神信仰的研究范式较为单一，偏重于民俗学方向的现象描述，对理论基础和研究框架的建构则比较少。本文立足于社会学的视域，从海神信仰中多神共存的现象入手，提出疑问，对现有理论进行了必要的梳理，并在此基础上，对海神信仰“叠合认同”的内涵、要素与特征进行分析，并由此提出了海神信仰“叠合认同”的研究框架。其中，海神信仰的内在特质是“叠合认同”的前提，外部因素是重要条件，渔村海洋实践中的适

---

① 高丙中：《当代财神信仰复兴的文化理解》，《思想战线》2016 年第 6 期，第 138～147 页。

应性实践和反思性实践作为承接因素，是助推动力，三种因素共同推动了海神信仰的"叠合认同"进程。自杨凤岗提出信仰"叠合认同"之后，后来的学者对这一概念进行着不断的丰富和充实。运用信仰"叠合认同"的研究范式可以更好地理解海神信仰的内在结构，厘清不同层次信仰要素之间的主次之分与神祇的和谐动态共存状态，把握海神信仰的多样性以及背后更深层的内在一致性，从而思考海神信仰在促进海洋意识和整合海洋文化过程中所发挥的功能。

中国海洋社会学研究

2020 年卷　总第 8 期

第 156～176 页

© SSAP，2020

南海渔民兄弟公信仰的记忆生产[*]

王小蕾　王　颖　郭佳美[**]

摘　要：一百零八兄弟公信仰是与南海渔民远洋捕捞的生计方式相适应的信仰民俗。它既在南海渔民的精神生活空间中占据着重要地位，又有着显著的文化象征意义。一方面，这个民间海神群体信仰反映出了中国在南海诸岛的主权；另一方面，其海外传播体现出南海海洋社会的流动性。从记忆生产的维度，探讨一百零八兄弟公信仰及其文化内涵的生成轨迹，则足以凸显信仰者的主体地位，从而对这一海神群体信仰的功能加以深入认识，即群体经验的投射、精神诉求的载体、社会认同的纽带。

关键词：一百零八兄弟公　南海渔民　记忆生产

引　言

远洋捕捞是南海渔民独特的生计活动方式。在长期从事涉海活动的过程中，他们创造出了诸多反映地方特色并具有独特象征意义的信仰文化。一百零八兄弟公信仰正是其一。一方面，依托南海这个流动性的地理平台，

---

[*]　本文系国家社科基金项目"南海诸岛渔民群体的信仰文化研究"（17XSH003）阶段性成果。

[**]　王小蕾，海南大学马克思主义学院副教授，硕士生导师，主要研究方向为南海海洋人文交流史；王颖，海南大学马克思主义学院本科生；郭佳美，南京大学马克思主义学院硕士研究生。

一百零八兄弟公信仰在空间上得到了扩展，遍布于海南岛及环南中国海的周边国家和地区。另一方面，在南海问题上，它又成了国家主权的象征。

正因如此，一百零八兄弟公信仰的研究价值早已在相关成果中展现。20世纪20年代，为了给中国南海主权主张寻求支持证据，方新的《西沙群岛调查记》考证出了西沙群岛孤魂庙中供奉的神灵，实乃南海渔民世代崇奉的一百零八兄弟公。《民国文昌县志》对一百零八兄弟公的由来进行了完整记载。20世纪70年代，广东省博物馆在西沙群岛进行了两次文物调查，记录了西沙群岛的兄弟庙、孤魂庙及背后的传说故事。20世纪80年代，吴凤斌对一百零八兄弟公信仰缘起的时间提出了初步见解。20世纪90年代，韩振华、李金明对一百零八兄弟公信仰诞生的年代、不同版本的传说故事、兄弟庙的保存状况进行了翔实考察。法国学者苏尔梦（Claudine Salmon）在关注巴厘岛海南人日常生活细节的基础上，探讨了一百零八兄弟公信仰的海外传播状况。王利兵、李庆新、石沧金围绕南海渔民跨国流动的生计活动方式，对一百零八兄弟公信仰传播的总体进程展开了多维度分析。[①]

上述研究内容翔实、征引颇丰，令人深受启发。不过本研究的侧重点却和前人不同。近年来，笔者一直在海南岛及南海部分岛屿从事渔民信仰调查研究，积累了大量关于一百零八兄弟公信仰的资料。在对上述资料进行分析时，笔者发现，深化一百零八兄弟公信仰的研究，不如将研究重心从事实转向记忆。从记忆生产的维度，探讨一百零八兄弟公信仰及其文化内涵的生成轨迹，则足以凸显信仰者的主体地位，从而对这一海神群体信仰的功能加以深入认识。在后文中，笔者将主要回答以下问题：关于一百零八兄弟公的记忆如何反映和诠释南海渔民在不同历史场域下的生活经验？

---

① 有关一百零八兄弟公信仰的代表性研究成果有：方新：《西沙群岛调查记》，《中央政治会议广州分会月刊》1928年第10期，第9~27页；林带英、李钟岳纂修《民国文昌县志》，海南出版社，2003，第65页；何纪生：《谈西沙群岛古庙遗址》，《文物》1976年第9期，第28~30页；吴凤斌：《宋元以来我国渔民对南沙群岛的开发和经营》，《中国社会经济史研究》1985年第1期，第34~42页；韩振华、李金明：《西、南沙群岛的娘娘庙和珊瑚石小庙》，《南洋问题研究》1994年第4期，第85~95页；苏尔梦：《巴厘岛的海南人——鲜为人知的社群》，载周伟民编《琼粤地方文献学术研讨会论文集》，海南出版社，2002，第12~29页；李庆新：《海南兄弟公信仰及其在东南亚的传播》，《海洋史研究》（第10辑），社会科学文献出版社，2017，第435~459页；王利兵：《流动的神明：南海渔民的兄弟公信仰》，《中山大学学报》（社会科学版）2017年第6期，第142~152页；石沧金：《马来西亚海南籍华人民间信仰考察》，《世界宗教研究》2014年第2期，第92~102页。

渔民在关于一百零八兄弟公的记忆中寄予了怎样的精神诉求？关于一百零
八兄弟公的记忆如何塑造信仰者的社会认同？

一 记忆的生成与传播

20 世纪 70 年代后期，何纪生、韩振华在对文昌南海渔民进行口述调查
时，发现了一则这样的传说：

> 远在明朝的时候，海南岛有一百零八位渔民兄弟（"兄弟"是渔民
> 间亲切的称呼）到西沙群岛捕鱼生产，遇到海上的贼船，被杀害了，
> 后来又有渔民去西沙群岛，中途忽遭狂风巨浪，十分危急，渔民就祈
> 求那被害的一百零八位渔民兄弟显灵保佑，遇救后，渔民就在永兴岛
> 立庙祭祀。①

故事描述的对象是一个由他们创造出的神灵——一百零八兄弟公（后
文简称"兄弟公"）。通常，记载神灵信仰起源的传说有两个功能：描叙和
解释。这个传说故事就反映了兄弟公的身份、兄弟公化人成神的原因以及
渔民对兄弟公的情感和态度。尽管传说的内容不乏想象和虚构的成分，但
它一旦开始流传，就成为渔民在总结涉海活动经验的基础上创造的记忆。
长期以来，学界对"人类如何创造记忆""社会如何产生记忆"等问题都有
各自见解，由此则将记忆划分为不同类型。莫里斯·哈布瓦赫（Maurice
Halbwachs）区分了自传记忆、历史记忆和集体记忆。自传记忆是我们自身
经历的那些事件。历史记忆是通过历史记载影响人们的记忆。集体记忆是
活跃的过去，能够形成人们的认同。② 保罗·康纳顿（Paul Kangnadun）的
"社会记忆"理论认为，记忆是社会建构的产物，并被特定的社会结构所制
约。③ 扬·阿斯曼（Jan Assmann）提出了"文化记忆"理论，他认为文化

---

① 何纪生：《谈西沙群岛古庙遗址》，《文物》1976 年第 9 期，第 9 页。韩振华在编纂《我国
南海诸岛资料汇编》的时候，将其全文转载。

② 莫里斯·哈布瓦赫：《论集体记忆》，毕然等译，上海人民出版社，2002，第 3 页。

③ 保罗·康纳顿：《社会如何记忆》，纳日碧力戈译，上海人民出版社，2000，第 12 页。

记忆是伴随知识和经验的传播和共享而储存的记忆。①

　　根据上述分类和定义，与兄弟公有关的记忆或可被视为一种文化记忆。因为，渔民在完成记忆创造的时候，既得到了与涉海活动经验有关的认识，又在人与海洋的互动中展现了对海洋环境的适应。这似乎印证了学者对文化记忆的某些判断，文化记忆彰显的不仅是个人生命史和社会变迁史，还是具有共性的群体对文化自我的定义。② 换句话说，文化记忆是群体的、抽象的，而非个人的、具体的。通过文化记忆的创建，某些有着共同经验的社会群体则能准确地定义出"我们是什么人"。文昌渔民对海神兄弟公的传说无疑是具有上述功能的，因为其中存在下列关键性记忆元素。

　　首先，兄弟公的传说反映了文昌渔民关于远洋航行的记忆：海南岛有一百零八位渔民兄弟到西沙群岛捕鱼生产。远洋捕捞正是他们主要的生计活动方式，"我是文昌县铺前公社七峰大队人，今年93岁，我的祖父蒙宾文从年轻时起……都去过西、南沙群岛捕鱼，我父亲蒙辉联从十几岁开始……每年都去西、南沙群岛打鱼过活"。③

　　其次，兄弟公与其他海神最大的区别又体现在它始终是以集体而非个人的身份出现的，这又成了渔民集体劳动经验在记忆空间中的投射。文昌渔民蒙全洲、符用杏等人在受访中表示，文昌到西、南沙群岛参与远洋捕捞的船载有23~27名船员，4个舢板下海作业。船上分工及收入分配方式如下："'火表'管罗盘，'火表'去南沙一趟工资为200块银元；'大缭'是第二把手，管工，工资七八十元；'阿班'管中桅，工资比大缭少些；'头锭'管第一桅和小艇，工资又少些；'三板'搞下水作业，工资最少"④"一般出海前先拿工钱……100元工钱中先领50元做安家费，余50元入股……出海回来结账时可以加一加二"⑤。可见，集体劳动的生产组织模式不仅对渔民起到了心理支撑作用，更通过分配关系的调节保证了他们的收益。这也

---

① 扬·阿斯曼：《集体记忆与文化身份》，陶东风译，《文化研究》2011年第11期，第4页。
② 高长江：《民间信仰：文化记忆的基石》，《世界宗教研究》2017年第4期，第105页。
③ 《渔民蒙全洲的口述材料》，载韩振华主编《我国南海诸岛史料汇编》，东方出版社，1988，第403~404页。
④ 《渔民蒙全洲的口述材料》，载韩振华主编《我国南海诸岛史料汇编》，东方出版社，1988，第406页。
⑤ 《渔民符用杏的口述材料》，载韩振华主编《我国南海诸岛史料汇编》，东方出版社，1988，第427页。

成了文昌的远洋渔业得以长期存在的基础。从兄弟公的传说中可以看到，虽然有渔民在远海作业时葬身海底，后来者还是会继续开展原有的生计活动。

此外，在文昌渔民对兄弟公神迹的描述中，不断闪现着"风暴""贼船"这两个记忆元素。这说明，作业环境的不稳定既是渔民和从事其他生计活动的群体的主要区别，又是南海在其精神空间中的映像："周岁恒有东风，秋有飓风……飞鸟群投黎山，海吼如雷""龙门贼邓耀余党入铺前港，顺风入清澜港，劫去六舟"。① 更重要的是，它还反映出与兄弟公有关的记忆诞生和存续的大致时间段——风帆船航海时代。虽然"新中国成立前，广大渔民只能用帆船，在生产、生活资料缺乏补给的情况下，凭着勇气和智慧，世代的坚持了这个事业"②，但对于作业环境的风险，他们还是缺乏抵御的能力。

于是，渔民们只能将其归结为亡魂作祟。《海槎余录》中就有关于"鬼哭滩"的描写，认为漂泊在海洋中的亡魂"极怪异。舟至则没头、只手、独足、短秃鬼百十，争互为群，来赶舟人"。③ 在海上作业时，渔民们也形成了投祭亡魂的习俗："海舶相遇，火长必举火以相物色……此举火而彼不应者，知鬼船也。巫乃批发，投掷米抛纸而厌胜之。"④ 这样做的目的是将亡魂身上的恶灵赶走，展现群体自身的净化机制。

不过，由于远洋捕捞的生计活动令渔民们形成了不可忘却的情绪体验，日复一日的集体劳动也使这一生计群体与共同作业的渔民产生了微妙的情感联系。韩振华等学者对部分文昌渔民进行采访时发现，即便退出了远洋捕捞业，他们还是对同一条船上的其他渔民印象深刻，部分人甚至能说出每一个岛礁上曾经住过哪些渔民，死在作业地点的渔民究竟有哪些，这些渔民究竟来自何方、体貌特征如何。⑤ 因此，他们对渔民亡魂具有的超自然

---

① （清）马日炳纂修《康熙文昌县志》，海南出版社，2003，第27、190页。
② 《海南到有关单位开发西南沙群岛的历史资料》，载韩振华主编《我国南海诸岛史料汇编》，东方出版社，1988，第435页。
③ （明）顾玠：《海槎余录》，载许崇灏主编《中国南海诸群岛史料汇编》之一，台北：学生书局，1975，第148页。
④ （明）黄衷：《海语》，载许崇灏主编《中国南海诸岛史料汇编》之三，台北：学生书局，1975，第13页。
⑤ 《渔民蒙全洲的口述材料》，载韩振华主编《我国南海诸岛史料汇编》，东方出版社，1988，第407页。

力量固然敬畏，但并非一味排斥，有时甚至会用"兄弟"为之命名，并用"公"字以示尊敬。前者是渔民之间最亲切的称谓，后者是海南等地对男性长辈的尊称。由此则有效地规避了魂魄的超自然力带给人的负面影响。后来渔民们在讲述兄弟公的传说时又融入了自己的经历和体会，并不断验证着同伴亡魂所具有的灵力。这也就解释了兄弟公何以被他们塑造成救死扶伤、有求必应的善神：

> 祖辈相传遇难的"一百零八个兄弟公"。我初到南沙的时候就有了。这座庙内往往有一个木牌作神位，没有写上具体名字。传说敬奉祭祀他们，你要到哪里捕鱼作业，神就会保佑你平安。①

实际上，中国民众定义善神的依据正是"灵验"。至于"灵验"是什么，韩森（Valerie Hansen）的解释是"唯灵是信"，由此凸显了中国民间信仰的现实功利性。② 然而，若从渔民的海上生存体验出发去理解"灵验"，笔者更倾向于桑高仁（P. Steven Sangren）的解释，即"灵验"是跨越阴阳（失序与秩序）间的东西，功能是通过"灵力"帮助渔民在生活的场域内重建心灵秩序。③ 蒙全洲的叙述就强调了两点：渔业生产一直受到自然环境的制约；兄弟公的"灵力"能够帮助渔民克服心理上的失序。即便他对故事细节已经淡忘，但仍能通过回忆不断重温兄弟公带给他的归属感和安全感。

为了使这份记忆世代相传，渔民们也在力图将兄弟公纳入民间信仰的语境，主要途径是修筑庙宇。在西、南沙群岛的主要岛屿上，随处可见渔民们搭建的兄弟公小庙。据陈进国考察，在南沙群岛的北子岛、奈罗礁、马环岛，在西沙群岛的永兴岛、甘泉岛、北岛、东岛都发现了兄弟庙。大体上，西沙群岛上的兄弟庙多于南沙群岛。④ 由于海南岛东部沿海的渔民皆

① 《渔民蒙全洲的口述材料》，载韩振华主编《我国南海诸岛史料汇编》，东方出版社，1988，第407页。
② 韩森：《变迁之神：南宋时期的民间信仰》，包伟民译，浙江人民出版社，1999，第112页。
③ 桑高仁：《汉人的社会逻辑：对于社会再生产中"异化"角色的人类学解释》，丁仁杰译，台湾"中央研究院"民族学研究所，2012，第201~202页。
④ 陈进国：《南海诸岛庙宇史迹及其变迁辨析》，《世界宗教文化》2015年第6期，第11~27页。

以远洋捕捞为生计活动方式，因此兄弟庙也主要分布于此。① 最早的兄弟庙是文昌铺前镇渔民在清同治年间所建，倾圮后未曾复建②；兄弟庙分布最集中的是在琼海市潭门镇。据黄庆河介绍，当地在 20 世纪中叶以前曾有 10 余座依海而建的兄弟庙，1973 年悉数被毁。③ 笔者在草塘、潭门两村考察时发现，两村各有一座保存完好之兄弟庙：一为位于潭门村的盂兰昭应庙；一为位于文教村的文教兄弟庙。上述两庙皆于 1973 年因台风被毁，又于 1993 年复建。

可见，虽然文昌是兄弟公传说的诞生地，多数琼海渔民也称文昌人是比琼海人先到西、南沙群岛的④，但是海南本岛兄弟公祭祀的中心明显是琼海潭门。潭门渔民的兄弟公传说虽然对兄弟公殉难的原因有了新的解释，但大体上保留了传说的初始面貌：

> 传说在很久以前，有一只渔船载一百零九位渔民兄弟，在海上被强台风袭击……滧地来了鲨鱼一群，顶住渔船，渔船摇晃不止。有一渔民跳下海中，舍身让鱼吞吃……而一百零八位渔民兄弟终遭其难，葬身海底。于是，我县沿海地区及西沙群岛渔民便修庙以祀之。⑤

原因无非是，当地大量存在的兄弟庙实际上充当了"记忆之场"，从而为兄弟公传说在渔民群体的流布奠定了基础。何谓"记忆之场"？皮埃尔·诺拉（Pierre Nora）认为："记忆之场是实在的、象征的和功能的场所。不过这三层含义同时存在，只是程度不同而已……它同时又是时间之流中一次实在的断裂，其用途用于定期地唤起回忆。"⑥ 简言之，"记忆之场"正是能够唤起记忆的场域。在对盂兰昭应庙和文教兄弟庙进行实地考察后，笔者发现：上述两庙之所以能够定期唤起渔民们的回忆，主要是基于以下两

① 陈进国：《南海诸岛庙宇史迹及其变迁辨析》，《世界宗教文化》2015 年第 6 期，第 11 ~ 27 页。
② 林带英、李钟岳纂修《民国文昌县志》，海南出版社，2003，第 65 页。
③ 受访者：黄庆河，84 岁，琼海市潭门镇草塘村人，采访时间：2018 年 7 月 16 日。
④ 上述情况在韩振华对南海渔民的口述采访中多有提及。
⑤ 何君安：《琼海市文物志》，中山大学出版社，1988 年，第 16 页。
⑥ 皮埃尔·诺拉：《记忆之场：法国国民意识的文化社会史》，孙江译，南京大学出版社，2015，第 8 页。

个方面。

一方面，庙宇建筑以及其中所列之神牌、圣物在历史时空的复杂演变中承担了储存记忆的功能。它们既能令抽象的神话、传统、习俗具有比较具体的表达方式，又能令记忆实现从大脑向物质形式、外部地点的转化，进而体现出渔民们从海洋中索取生存资源的某种愿望。文教兄弟庙距海 50 米，庙前有一八角井。庙身通体红色，庙内供奉着"昭应英烈一百零八忠魂"和"山水二类男女五姓孤魂"神位。此外，庙门两边供有对联"文通人和神恩泽，教顺地灵渔业丰"。放置香烛的地方也修成了鱼的形状。盂兰昭应庙正对南海，门两边有对联"五岳潭温开福祉，三江浪平广财源"。庙内供奉"英灵显赫一百零八兄弟""山水二类男女五姓孤魂"两神主牌，两旁有对联"英灵日照九江浪，显赫月映千秋濯"。神台前方悬挂着 1990 年村民捐的"海不扬波"木质牌匾；正上方贴"风调雨顺"二龙戏珠彩绘瓷画，右上方悬挂"英灵显赫"牌匾。左后墙有两方"万世流芳"碑，系光绪十八年（1892 年）、三十年（1904 年）立。

另一方面，在上述庙宇中定期举办的祭祀仪式也因参与的广泛性，起到了唤醒记忆的作用。仪式在记忆生产中的作用人所共知。涂尔干（Elime Durkheim）说过，"集体欢腾"是人类文化传承和创造的温床，是集体成员共享记忆的有利时机。莫里斯·哈布瓦赫又指出："存在于欢腾时期和日常生活时期的明显空白，实际上是由集体记忆填充和维持的。这种集体记忆由各种典礼性、仪式性的英雄壮举的形式出现"[1]。扬·阿斯曼提到，对于一个群体而言，诵经、特殊的节庆活动都会凝聚成特定的、属于这个群体的文化记忆。这种文化记忆也会构成这个群体区别于其他群体的身份标志，促成群体认同结构的升级[2]。潭门渔民对兄弟公的庙祭之所以具有上述功能，则是基于其周期性的特征。所谓周期性指的是当地渔民对兄弟公的祭祀实则贯穿于他们的生产周期和生命周期之中。祭兄弟公出海仪式基本上是一个渔业生产周期的开端。通过对渔民苏承芬等人的采访，笔者基本上还原了该仪式在举办时的日常生活形式：

① 莫里斯·哈布瓦赫：《论集体记忆》，毕然等译，上海人民出版社，2002，第 20 页、第 43 ~ 45 页。

② 扬·阿斯曼：《文化记忆：高级文化中的文字、回忆和政治身份》，金寿福等译，北京大学出版社，2015，第 30、130、199 页。

问：去之前和回程后会不会搞些仪式？到底是怎么个流程？

答：仪式有啊，就是准备好鸡、鱼、肉、米、酒、香、纸钱，由船长通知大家（船员）到兄弟庙前祭拜。要是没时间去，也行。

问：回来的时候不拜？

答：不拜。

问：有没有什么祷告词？

答：公啊公，我们今天准备出海，把鸡、鱼、肉、米给你们吃，保佑丰收，在路上不要有这有那。

除祭兄弟公出海仪式外，渔民在一年中某些特殊的节庆时刻，也会前往上述两庙祭拜兄弟公。有时还会举行一些特殊的民俗表演，如舞鲤鱼灯。

问：村里面都有什么庙？祭祀的是谁？什么时候祭祀？

答：兄弟公庙、村公庙、龙公庙、祠堂。三十晚上、正月十五、五月初五、七月十五会祭拜兄弟公。正月初三到十五，兄弟庙前还有舞鲤鱼灯。①

由渔民组织、参与的兄弟公祭祀仪式虽不复杂，但这种通过庙祭积累的知识仍使兄弟公传说承载的记忆实现了人群扩散和代际传播。上述仪式无论以何种形式存在，都可被视为集体回忆活动。年复一年的仪式操演，也为从事同一生计活动的信仰者在一起分享信息、沟通情感提供了生动鲜活的场景，继而建立了记忆在个体和群体之间共享的渠道。笔者在调查中发现，不同家庭、家族的渔民之间很少直接分享自身的航海技术及涉海活动经验，但是他们会与其他渔民共同参与对兄弟公的祝祷和祭祀。通过模拟进香、烧纸、上贡等祭祀行为和穿插于其中的口头交流，渔民们不仅能在先辈的经验中汲取力量，舒缓涉海活动风险和收获不稳定带来的压力，更可以将对海洋环境的体认传递给每一个参与仪式的人们。于是，根据自身的涉海活动经验，部分潭门渔民又对兄弟公显灵的故事进行了再创作：

① 受访者：苏承芬，84 岁，琼海市潭门镇文教村人，采访时间：2018 年 7 月 20 日。

有一次，一条船拉着很多渔民兄弟，在晚上的时候船最危险，于是船上的人就开始祭拜死去的渔民兄弟，就在船要翻的时候，大家突然就感觉到有一股力在把船往上托，有人说，那就是兄弟公在保佑。第二天，天边还是出现了一朵白云，整条船都转危为安了。①

故事的内容无外乎两方面：作业环境的复杂多变、兄弟公是如何帮助他们死里逃生的。由此或可看出，空间的架构和仪式的进行，令兄弟公记忆在区域传播和代际传承中大体保持了稳定的形态，这有助于渔民通过叙事延续群体历史，在群体历史中寻求生活实感，并从对生活的共同感受中强化职业认同。但是，这种口耳相传的记忆也容易在传播中发生意义缺损。笔者曾对文教兄弟庙的守庙人进行过采访，虽然这个老人对祭兄弟公出海仪式的过程津津乐道，但是对兄弟公化人成神的经历却语焉不详。他只记得他们是因为抗击海盗而死。

二 记忆的文本化与叙述的转向

因此，在考察兄弟公记忆的传播时，仍然不能忽视纸质文献这个重要载体。《民国文昌县志》中实际上已经有了对兄弟公神迹的记载：

> 昭应祠，在县北铺前市，坉。同治年间林凤栖仝众建。咸丰元年夏，清澜商船由安南顺化返琼，商民买棹附之。六月十日泊广义孟早港，次晨解缆，值越巡舰员弁觊载丰厚，猝将一百零八人先行割耳，后捆沉渊以邀功利，焚艘献艒。越王将议奖，心忽荡，是夜，王梦见华服多人，喊冤稽首，始悉员弁渔货诬良。适有持赃入告，乃严鞫得情，敕奸贪官弁诛陵示众，从兹英灵烈气，往来巨涛，骇浪之中，或飓风黑夜，扶桅操舵，或汹洑沧波，引绳觉路，舟人有求则应，履险如夷，时人比之灵胥，非溢谀也。②

---

① 受访者：黄庆河，84岁，琼海市潭门镇草塘村人，系琼海市潭门镇祭兄弟公出海仪式代表性传承人，采访时间：2018年7月16日。
② 林带英、李钟岳纂修《民国文昌县志》，海南出版社，2003，第65页。

可见，渔民虽然是兄弟公的主要信仰者，但是参与兄弟公记忆制造的社会力量却不是单一的。《民国文昌县志》的记载至少证明，文人也介入了兄弟公记忆的书写中。和传说相比，地方志对兄弟公神迹的记载不仅有了确切的年代、完整的情节，叙述内容也发生了转向，将故事的背景安置在了近代南中国海中外冲突的背景下，增添了"兄弟公被越南国王冤杀"这个情节。由此说明了任何一种记忆的书写都是具有选择性的，《民国文昌县志》对兄弟公记忆的书写就展现了文人在记忆选择中的倾向和偏好。

一方面，兄弟公信仰中的记忆元素固然是丰富且驳杂的，但作者们在筛选、拼接这些记忆元素时更倾向于将其和官方正史的叙述相比对，并摘录那些和官方正史叙述接近的部分。显然，"兄弟公被越南国王冤杀"的情节与《大南寔录》中的记载就存在着交重叠合的成分：

> ［嗣德四年六月］鹏博巡哨掌卫范赤、郎中尊室茗奏言：于南义洋分，遇匪船三艘，射中一艘，沉没一艘，往东走窜一艘，为大炮轰击，匪伙伤毙者多不能对射，率弃兵前来，尽杀约七八十人。拿此船驶抵占屿澳停碇，以在行弃兵得力请赏。帝疑之，命兵部臣勘覆，既而选锋队长陈文侑等首言：本月十八日官船泊施耐汛，有异样船三艘在青屿洋分，赤等追驶，开射该船，并无对射，唯有往东远走耳。迫近该船，一艘才放射，便收帆就官船，至三十三人呈船牌，有称原寓承天铺，与尊室茗惯识者，而茗以为奸商，应拿斩。赤应之，遂令杨衢［水师率队］等将船内尽杀［七十六丁］，投弃于海。①

另一方面，地方志的功能是调动地方文化资源，为政府了解政风民情提供渠道。因此，作为当地民情的重要组成部分，渔民的涉海活动经验也成了文人进行记忆书写时的选择对象。只不过，地方志复刻的是渔民进行跨国商贸活动的经验，这说明海洋在不同涉海人群眼里已经成了互联互通的纽带。同时，这种记忆并非文昌渔民所独有，而是在海南岛东部远海渔民中带有普遍性。

---

① 松本信广：《大南寔录》第四纪，日本庆应义塾大学，1951，第 156 页。

清中期成书的《更路簿》载有南洋更路 13 条："自鸟仔峙驶之马雅舟坤四十九更收；自之马雅驶东竹寅申八更；自东竹驶白石鹤登子午兼二线丁六更收；自白石鹤灯驶星洲门卯酉三更收；自大洲驶外罗子午兼一线丁十八更收；自外罗驶白豆清午丙平六更收；自白豆清驶大佛壬丙兼二线午六更收；自大佛驶落安头舟未六更收；自落安头驶头牙角丹未九更收；自头牙角驶土敦丹未六更收；自土敦驶昆仑午丁平十更收；自昆仑驶地盘丁未平三十六更收；自地盘驶东竹乾巽二更收。"① 这证明航路的开辟是他们从事跨海商贸活动的前提。

南沙群岛出产的马蹄螺则是他们交易的主要对象，原因如下："过去尽管南沙群岛所出产的马蹄螺是那么的丰富，由于它的用途尚未被充分利用，所以一直没有引起人民充分注意。自从现代的飞机工业突飞猛进以后，飞机机体的喷漆，需要马蹄螺的珍珠层作为主要原料之一，从此以后，南沙群岛的马蹄螺开始较为大量供应，并在国际市场的马蹄螺交易中，占有一定地位"②。依托渔业生产中的集体关系，渔民们也形成了特定的交易流程。充当交易中介机构的，就是"九八行"。"我们以前大概是十条船一个联帮，挑两条船结构比较好的，去南洋，一条船是接四条船的货……那边有一个接货的地方叫'九八行'。为什么叫作'九八'？比如说我们这条船上的海产品，卖了一百块，你这条船上只能拿回九十八块，剩下两块给'九八行'。"③ 马蹄螺贸易不仅令部分大船主收获颇丰，"黄学校发财后，估计其家资三十余万元"④，普通渔民也能够凭借交易所得交换一些初级工业品。笔者在琼海市潭门镇上教村黄家礼家中看到了多个不同国家生产的磁盘。这些磁盘有些是英国、法国产的，有些来自新加坡。⑤

尽管对跨国商贸活动的参与使渔民的涉海活动经验更为丰富，但是社

---

① 卢业发祖传本《更路簿》，虽然该版本成书的具体年代不详，但根据采访记录可知，该版本《更路簿》最早的主人系卢氏七世先祖卢元觉，生于清乾隆癸未年（1763 年），卒于清道光癸巳年（1833 年）。

② 《南沙群岛的马蹄螺（公螺）及其贸易》，载韩振华主编《我国南海诸岛史料汇编》，东方出版社，1988，第 401 页。

③ 受访者：卢家炳，68 岁，琼海市潭门镇上教村人，采访时间：2018 年 7 月 22 日。

④ 《南沙群岛的马蹄螺（公螺）及其贸易》，载韩振华主编《我国南海诸岛史料汇编》，东方出版社，1988，第 401 页。

⑤ 受访者：黄家礼，90 岁，琼海市潭门镇上教村人，采访时间：2018 年 7 月 22 日。

会政治因素的不确定性却对其生命财产带来了严重威胁，并使之产生了负面的情绪体验。《民国文昌县志》中关于"兄弟公被越南国王冤杀"的情节正是上述体验在记忆空间中的投射。当结合相关历史资料分析兄弟公被冤杀的原因时便不难发现，诱发渔民负面情绪体验、引起记忆转向的事件虽然是越南政府和不法官员对跨海商贸活动的破坏，但中国和越南等国由于遭受西方国家侵略而变乱不已，同样是不争的事实。中国在对外战争失败后割地赔款，被迫开放了沿海通商口岸；越南由于无力抵抗法国侵略，遂导致南方六省沦为法国的殖民地。在此前提下，渔民涉足的正常商贸活动就难以得到保护。[①]

这样的经历同时存在于海南岛东部其他地区渔民的跨国交易行为中。1933 年"乐会县（今海南省琼海市）商船前往南洋贸易被英帝叨坡海关非法扣留"一案中，新加坡便以"强诬载客，逐伴驱船"为由，将其扣留。[②]在琼海市潭门镇部分村落调研时笔者发现，部分曾经涉足跨国商贸活动的老渔民也一直对祖辈或父辈驾船到南洋贸易后"有去无回"的事情耿耿于怀[③]，黄家礼正是其一。因此，地方志中对兄弟公的记忆书写为什么突出这部分内容，也就不难理解。

虽然渔民从事跨国商贸活动的经验只是以间接的形式在地方志中进行曲折表达，但其内容毕竟反映了他们对苦难历史的追思，尤其是当活动空间发生转移时，上述精神需求的满足就显得更加迫切。为了延续自身的生计活动，同环南中国海周边国家和地区继续开展商贸活动，部分渔民便从海南岛和南海部分岛屿出发前往环南中国海周边国家和地区定居。笔者在走访文昌、琼海的部分渔村时发现，许多 70 岁以上的老渔民的亲属都有迁居海外的经历。

尽管海外迁移的过程导致渔民脱离了原有居住环境，但是对造船技术的掌握和远洋航行技术的熟稔仍使得他们之中的部分人重操旧业。《华侨华人百科全书·社区民俗卷》中提到，行驶在马六甲海峡的中国帆船的船老

---

① 孙宏年：《传承与嬗变：从黎峻使团来华到晚清的中越关系》，《中国边疆史地研究》2014 年第 2 期，第 40 页。

② 相关文章及资料，参见张朔人《晚明深海渔业经济述论》，《西北师大学报》2015 年第 4 期，第 65 页。

③ 受访者：黄家礼，90 岁，琼海市潭门镇上教村人，采访时间：2018 年 7 月 22 日。

大多为海南籍，统称为"海南老大"①。兄弟公信仰也因此勃兴于环南中国海周边国家和地区。王利兵曾经统计过奉祀兄弟公的庙宇在越南、新加坡、印度尼西亚、泰国、马来西亚5国的分布状况，统计对象包括专奉兄弟公的庙宇和供奉兄弟公神牌的庙宇。其中新加坡和印度尼西亚各2座、越南3座、泰国8座；马来西亚分布最密集，有28座。②

伴随着兄弟公信仰的传播，与兄弟公有关的记忆也开启了异地植入的进程。据李庆新考察，临近兄弟公殉难地的越南会安建有专门安置兄弟公魂魄的"昭应塔"，每年兄弟公在文献记载中标识的殉难日农历六月十四（或十五）此地都会举行祭祀活动。当地琼府会馆的"昭应殿"曾载有"昭应公事略"，内容如下：

> 清咸丰元年一八五一年六月中旬，商舶"猛头号"于顺京启航作归，行间为风故，避广义盂旱港，廿一晨得晴再程。旋遇巡者，因涎其丰载，寻衅勒索，船人义愤力拒，乃纵而踪之于远海，逞势尽捆生沉，罹难者百有八人，诚暴行也。事后分赃毁舟，诬捏报功，越廷以暗昧疑，密侦根由，卒获赃证，拘凶鞫讯，直供谋财害命不讳，案白，乃诛祸抚难，足慰冤魂矣。③

显然，《民国文昌县志》中关于兄弟公神迹的记载反映了他们的祖先介入当地社会的进程。当信仰者们将与兄弟公有关的记忆重新镌刻在自身的生命图谱时，他们也力图将这个涉海活动的经验和移民历史的遗存加以保护，并借助文字、实体空间和仪式为自身"创造"记忆，构建一种基于地域与族群的认同纽带。关键词则离不开灾难、破产和死亡这三个破坏其生计活动的因素。他们之所以令兄弟公的事迹勾连起过去的苦难经历，隐含着令后人了解和留存真相、记住先辈的惨痛经历的目的。"诛祸抚难，足慰冤魂"等正说明了这一问题。然而，渔民初衷却并非机械地复制对立与仇恨，

① 沈立新：《华侨华人百科全书·社区民俗卷》，中国华侨出版社，2000，第135页。
② 王利兵：《流动的神明：南海渔民的兄弟公信仰》，《中山大学学报》（哲学社会科学版）2017年第6期，第150页。
③ 李庆新：《海南兄弟公信仰及其在东南亚的传播》，《海洋史研究》（第10辑），社会科学文献出版社，2017，第450页。

而是希望使自身在迁居异国时遭受的苦难能够因历史的发展而得到合理解
释。他们对故事的整体架构暗含着"善恶有报"的心理。显然，只有这种
对苦难的记忆经由代际的传承具有了正当性，与兄弟公有关的记忆才能帮
助其从苦难中得到释放和救赎。①

不过，由于不同国家和地区的兄弟公信仰者有着各自独特的涉海活动
经验，由他们还原的记忆元素在内容上也不尽相同。苏尔梦在论及印度尼
西亚巴厘岛的兄弟公信仰时曾发现，虽然当地琼籍华人对兄弟公传说的讲
述参照了《民国文昌县志》中的说法，但巴厘岛丹戎昭应祠中的碑铭文字
却并未再现这段带有苦难和创伤的记忆：

> 尝思盂兰之会，自古已彰，昭应之祠于今为烈。助碧海以安澜，
> 无往不利；同华夷而血食，无处不灵。乃此丹戎之地，凡我唐人登舟
> 来贸易，交相叠如蚁聚。今唐人等邀众捐金以建庙，还期聚蚊以成雷。
> 从此庙貌维新，安神灵以受以侑。自今香烟勿替，保唐人而康。河清
> 海晏，利美财丰，长年被泽，四季沾恩，皆于此举权舆焉。②

由此看来，记忆不仅生产的是过去，更是将过去置于现在的一个总体
结构。虽然本群体独特的涉海活动经验，仍是信仰者们选择记忆内容和对
象的基础，但是这个回忆、书写甚至创造共同过去的过程也并非简单地场
景重现，而是将过去他们在这片海域生产、生活的记忆片段加以重组，并
不断与其当下的生产、生活状态加以呼应。这种重构记忆的方式同样是为
了告诉世人，当通过涉海活动跨越了故乡与异乡这两个在历史传统、社会
发展、文化习俗上迥异的生活环境后，海外的兄弟公信仰者们究竟成了怎
样的人。

三 记忆与忘却的再生产

虽然伴随着信仰者的迁居、流动，《民国文昌县志》对兄弟公的记忆叙

---

① 参见彭刚《历史记忆与历史书写》，《史学史研究》2002 年第 4 期，第 2 页。
② 苏尔梦：《巴厘岛的海南人——鲜为人知的社群》，载周伟民编《琼粤地方文献国际学术研
讨会论文集》，海南出版社，2002，第 29 页。

事有了广泛的受众，但它却并未覆盖渔民对兄弟公的初始记忆：

> 在南沙各岛，凡有人住的地方都有庙……传说就更多，一百零八个兄弟公就是一例。108 个兄弟中有 72 个孤魂和 36 个兄弟。72 个孤魂是我们渔民先辈在西、南沙下海作业时死去的。36 个兄弟则是同在船上因遭遇风暴而遇难的。其实，我们渔民到西、南沙死去的何止这些人。①

渔民对兄弟公的记忆叙事之所以在不同记忆的竞逐中仍然保持生命力，原因在于，它不仅是经验的复刻，更是权力的象征，"渔民们在岛上挖水井汲水，种植椰树，晒鱼干，拾柴薪，盖造草棚河和珊瑚石小庙……庙就是他们最先上岛的标志和纪念"②。具体而言，就是对某个具体岛屿的土地及资源的占有权。即便是他们暂时离开了某一岛屿及其附近海域，他们也会在孤魂庙中留下相应标记来宣示权力："草屋上挂着一块木板，写着中国字，大意如下：'余乃船主黄德茂，于三月中旬带粮食来此，但不见一人，余现在将米留在石下藏着，余今去矣！'"③。渔民对兄弟公记忆的复刻同样表达了一种权力意识，否则他们就不会反复强调"我们渔民到西、南沙死去的何止这些人"。

虽然兄弟公的信仰者们试图将权力纳入兄弟公记忆的话语体系中，然而在时代变迁的巨构轮廓下，技术却不再是南海远洋捕捞业的桎梏了。笔者在对苏承芬、黄庆河等人的调查中了解到，20 世纪 50 年代起，互助组、合作社成了南海远洋渔业的主要组织方式。渔业生产合作组织建立后，开始推广机械化作业。至 20 世纪 50 年代中期，潭门从事南海远洋渔业的帆船已经装有轮机。20 世纪 50 年代末至 60 年代初，机船完全取代了风帆船④。当风帆船航海时代宣告终结时，兄弟公的记忆也面临着被诞育它的社会群

---

① 《渔民王安庆的口述材料》，载韩振华主编《我国南海诸岛史料汇编》，东方出版社，1988，第 416 页。
② 广东省博物馆：《西沙文物》，文物出版社，1974，第 8 页。
③ 《有关黄德茂的情况调查》，载韩振华主编《我国南海诸岛史料汇编》，东方出版社，1988，第 434 页。
④ 受访者：苏承芬，84 岁，琼海市潭门镇文教村人，采访时间：2018 年 7 月 20 日；受访者：黄庆河，84 岁，琼海市潭门镇草塘村人，采访时间：2018 年 7 月 16 日。

体遗忘的现实。目前，在南海部分从事远洋捕捞业的渔村中，从事这一行业的中青年人虽仍会去祭拜兄弟公，但是兄弟公与海洋这一流动性地理空间之间的联系、兄弟公与远洋捕捞的生计活动方式之间的联系，在他们的叙述中看不到了：

> 每到村里有了不祥之事，村中还搞"游神赐福仪式"。当地人叫"搞平安"或"子子孙孙搞平安"，时间是在每年的农历三月。仪式的主持人叫头，一年五户轮流当。搞平安的时候，兄弟公、龙公的牌位都会被抬出来，并穿过火堆，该仪式叫抱公过火山。[①]

从上文不难看出，这位受访者对兄弟公的宗教情感日益淡漠，昔日承载着渔民耕海记忆的兄弟公俨然成了一个乡土之神。可见，在现代技术的影响和冲击下，记忆主体无疑完成了对生计活动的自我调适，附着于海神兄弟公记忆中的文化内涵与情感意义也逐渐失去凝聚力和号召力。特别是当这种失忆的过程不断延续的时候，兄弟公承载的那些与风帆船时代的记忆难免会发生变异。

技术的更新固然导致了失忆，然而基于远洋渔业的存续，部分渔民却对附着于兄弟公记忆之上的权力有了新的理解，即对南海诸岛的经营、开发权。他们也试图通过空间架构，对兄弟公记忆进行修复。文教兄弟庙前的海边有一座纪念亭，内有一石碑，上面刻着"祭琼海 0046 船父老兄弟文"，据笔者了解这是 2008 年当地村民为纪念 1975 年在浪花礁沉船事故中遇难的渔民兄弟而作：

> 吾辈一向以来，上为家乡福祉，下为眷亲生计，漂洋过海，远赴西沙群岛作业，不畏风高浪急，洋深水冷，艰苦劳作，立下无上功德，并为后辈树立了良好风范。[②]

显然，上文试图将浪花礁沉船事故死难渔民有关的部分记忆元素融入

---

① 被采访人：黄心思，30 岁，琼海市潭门镇上教村人，采访时间：2018 年 7 月 21 日。
② 笔者于文教兄弟庙前整理。

海神兄弟公记忆里。然而此种附着于风帆船时代的记忆毕竟同渔民的涉海活动经验发生了断裂，因而很难引起他们的共鸣。当记忆失去了记忆主体的支撑时，其公共性自然会减退。笔者了解到，浪花礁沉船事故渔民的祭祀活动无论从频率和规模上都相对有限，一般每三年举行一次，主要是他们的亲友出资参与，每户出资 100 ~ 300 元不等。① 同时，记忆与经验的脱节，还使得记忆主体出现了知识储备不足的问题，甚至导致记忆出现偏差甚至偏离原先的历史。永兴岛的兄弟庙虽然已于 1993 年修复完成，但庙里却并未看到兄弟公神牌，仅在配祀神灵中奉有从福建莆田请来的妈祖像。庙门前还刻有一幅文法不通的楹联："人得其意春风和气鸟逢林，春亦有情海深喜逢云弄月。"据韩振华、李金明及陈进国考证，这不是渔民们所刻，而是 1939 年法国侵占永兴岛时，越南人在岛上庙宇炮制的所谓"历史占有"的证据。②

上述事实尽管是兄弟公记忆失传的具体表现，但是在近代中国海权渐失的背景下渔民作为南海主权见证者的身份开始被承认，"余询问其渔人为何处人？据余询文昌、陵水之人，年年均到此处，乘好风，来此取玳瑁、海参、海龟以归"③。对航路、海况的熟稔也使之对国家南海维权起到了配合作用。由此，则令其涉海活动经验大为丰富。潭门渔民苏承芬就分别多次配合国家开展对西、南沙群岛的探捕活动④。于是，经过公共话语的塑造和渲染，兄弟公记忆彰显的权力与国家南海主权在概念边界上开始发生重叠："渔民习惯，一到林岛，必先往祭一百零八兄弟孤魂庙……该庙建筑形式及题额、门联等，已证明林岛远年之前，向为我国渔民捕鱼定居之所"⑤ "考古人员还在西沙群岛的北岛、南岛、赵述岛、和五岛、晋卿岛、琛航岛、广金岛、永兴岛、珊瑚岛、甘泉岛等地，先后发现了十四座明清以来的'孤魂庙'。据琼海、文昌等县的老年渔民反映，这些是我国海南岛渔民

---

① 被采访人：黄心思，30 岁，琼海市潭门镇上教村人，采访时间：2018 年 7 月 21 日。
② 韩振华、李金明：《西、南沙群岛的娘娘庙和珊瑚石小庙》，《南洋问题研究》1990 年第 8 期；陈进国：《南海诸岛庙宇史迹及其变迁辨析》，《世界宗教文化》2015 年第 5 期，第 30 页。
③ 李准：《李准巡海记》（续），《大公报》1933 年 8 月 11 日。
④ 受访者：苏承芬，84 岁，琼海市潭门镇文教村人，采访时间：2018 年 7 月 20 日
⑤ 吴福自：《西沙群岛的真面目》，《星岛日报》1947 年 1 月 27 日。

因怀念因开发南海诸岛而遇难的先辈亲人而建造的"[1]。在政府的介入和干预下，这份记忆更是逐渐得到复苏。

在南海远洋捕捞业从业人群相对集中的琼海市潭门镇，2010 年、2015 年相继举办了由琼海市政府举办的"南海传统文化节""赶海节"等旨在恢复渔民传统耕海记忆的大规模节庆活动，祭兄弟公出海仪式皆为上述活动的重要内容。政府组织的祭兄弟公出海仪式的地点已不再是渔船、岛礁、村落庙宇等传统的祭祀空间，而是转移到了潭门镇的渔民广场。它不仅通过视觉展演还原了上述仪式在民间举办时的文化元素，如祭海、舞鲤鱼灯等，还借鉴了政治仪式的运作模式。祭海仪式举办后，政府会将渔民集中在一起举行劳动技能比赛，如鸭掌负重游泳、织渔网、水中举重等。这无疑是对渔民在南海耕海劳作场景的视觉复原，使参与和观看仪式的人们能够感知到其背后渗透的政治意识与历史逻辑。由此即通过一系列复写记忆的礼仪和象征暗示着渔民群体同过去的连续性。

为了得到信仰者的认可，部分有着丰富远洋航行经验的渔民也通过参与仪式的部分流程，介入了兄弟公记忆的修复过程。祭兄弟公出海仪式中的一个环节就是请曾经主持仪式的老渔民黄庆河宣读《祭公咒》。据笔者了解，这篇祭文完全是由他自己构思的。可见，在兄弟公记忆的重塑中，像他这样有着丰富航海经验的老年渔民倾向于在仪式中展现自己的知识和经历，以便获得某种价值感和存在感：

> 叩请恩光香何，主乃宗亲，山川银露，男女伍（五）姓孤魂，一百零八兄弟神畅，我们要保卫祖国领土领海原（完）整，保护南沙 67 的岛礁原（完）整。我们先辈留下领土、领海、更路簿，罗盘的 24 针留下。我们的子孙航行航向行驶。我们鱼（渔）民是祖国的前哨兵，要认真负起一切责任，赶走来侵之敌。我们渔民在三沙生产中求财财到，求利利来。好人相逢，恶人走被。东方财源到，西方财源也不停，南方财源来广进，北方财源接接来，利露（禄）窍开，生产兴旺，生产安全，生产丰收，金银财宝拾不完，四方财源。渔民赚钱千千万，渔村大变样，旧貌换新颜！渔村大小笑眯眯，说不完，讲不尽。兄弟

---

[1] 《西沙群岛上的"孤魂庙"》，《人民日报》1976 年 8 月 31 日。

公，渔民子孙给一个出海仪式，生产满载而归。即此陈禀。①

在国家的安排下，由他们修复的兄弟公记忆既不等同于传说中对兄弟公的初始记忆，也不等同于创作地方志的文人们雕琢后的记忆，而是将与兄弟公有关的记忆元素做了民族国家意义上的解释，把主权在我的观念搁置在了记忆的显要位置。为了在民族国家的宏观叙事与南海之于渔民生存的意义之间建立联系，上文不仅通过"一百零八兄弟""更路簿""罗盘24针"等文化元素回顾了渔民在南海诸岛捕捞作业时的过往经历，也用"我们鱼（渔）民是祖国的前哨兵""我们要保护祖国领土领海原（完）整"这样的话语重申了"中国渔民是南海诸岛主人"的身份定位，还用"生产安全""生产平安"等祝福语激发他们继续到南海诸岛进行远洋作业。

由此则说明了三个问题：南海渔民曾经是怎样的群体、在国家海洋维权的进程中他们应当承担怎样的责任、未来他们应当如何承担上述责任。虽然上述记忆内容在重塑的过程中，国家与渔民之间的关系并非完全对等，但它毕竟将抽象的民族国家历史改写为特定的、具有丰富经验和思想基础的群体历史。这既体现了国家和政府唤起兄弟公记忆的目的，又是渔民为兄弟公信仰争取合法性的手段。而国家和渔民在记忆修复过程中的联合，无疑令兄弟公记忆的生产来到了崭新阶段，将国家主权观念和渔民的文化自觉意识加以结合，营造了家国一体的氛围。特别是当这个记忆再生产过程以循环往复的形式进行时，渔民们的民族国家认同也在无形中得以巩固。

四 结语

总之，本文从记忆生产这一维度，探讨兄弟公信仰及其文化内涵的生成轨迹，在凸显信仰者主体地位的基础上，深入分析了这一海神群体信仰的功能。由此，笔者得出了下列结论。

① 《祭公咒》，该文于历届琼海市潭门镇赶海节祭兄弟公出海仪式上宣读，宣读者系海南省祭兄弟公出海仪式代表性传承人黄庆河，83岁。笔者在琼海市潭门镇调查期间从黄庆河的家中获得此文。据其介绍，此文为他本人所写。据笔者近期调查，此人系潭门船主黄德茂之子，排行第六。有关黄德茂的历史记载，见《我国南海诸岛史料汇编》中转引自法国杂志《图解》中的叙述："余乃船主黄德茂，于三月中旬带粮食来此，但不见一人，余今去也。"

　　如果从文化的角度理解记忆的话，它无疑强调的是某一具有共同性历史和实践经验的人群在文化创造中的主动与自觉。兄弟公记忆的建构主体虽然并不单一，但它呈现的无疑是渔民关于远洋捕捞和跨海作业的记忆、关于海外商贸活动的记忆和关于南海维权的记忆。这些在涉海活动经验中造就的记忆，无疑令南海渔民生计活动的特点及其在不同历史场域下的变迁得以充分展现。经由空间与实践的表达，这一海神群体信仰不仅具有了丰富的文化寓意，也反映了渔民基于生计存续而衍生的精神诉求。特别是通过记忆的建构及重构，渔民这一涉海群体充分地表达了规避海洋生态及政治风险的迫切愿望。兄弟公记忆在传之后世时，也逐渐显现出作为社会认同纽带的功能。在不同的时空背景下，它帮助信仰者相继建立了职业认同与地域、族群认同。尤其是当这份记忆和国家海洋主权产生关联后，它还能克服由于经验断裂而造成的失忆，促使渔民从家国一体中巩固民族国家认同。

中国海洋社会学研究

2020 年卷 总第 8 期

第 177~186 页

在"外来"与"正统"之间：
沧州地区妈祖信仰初探

杨春强*

摘　要：妈祖历来作为航海保护神由福建莆田向北传播。因京杭大运河贯通以及东临渤海的独特地理位置，妈祖信仰在沧州一地存在两种不同的传播路径，一方面妈祖信仰因漕运沿南运河两侧传入，一方面因参与海上运输交流在当地生根。妈祖信仰在明朝传入沧州后，与衍生于当地的"师傅林"信仰博弈，最终妈祖虽未能成为该地的主宰神，但也并没有消失，而是成为当地信仰空间中不可或缺的存在。

关键词：妈祖信仰　运河　沧州地区　信仰空间

妈祖信仰发源于宋代福建湄洲岛，逐渐由地方民间信仰上升为国家正祀，成为被各地民众崇奉的航海保护神。随着京杭大运河的贯通，明初罢海运专事河漕，海洋范畴内的妈祖信仰随着国家漕运方式的改变而沿京杭大运河沿线传播开来，为作为航海保护神的妈祖赋予了更加广泛意义上的水神含义，在运河沿岸的区域社会中扮演护佑漕运、保护海上安全的双重角色。本文以沧州地区为研究区域，通过史料梳理明清以来妈祖信仰在沧州地区的传入过程，分析妈祖作为"外来之神"传入后与当地民间信仰博弈的状况。

---

* 杨春强，中国海洋大学文学与新闻传播学院中国史专业硕士研究生，主要研究方向为社会史、海洋文化。

一 明清以来妈祖信仰在沧州地区的传入

(一) 作为航海保护神的妈祖

妈祖源于宋代湄洲岛，被时人誉为"龙女"，相传"能言人休咎""知人祸福"，宋人潜说友《咸淳临安志》载："（妈祖）能乘席渡海""常衣朱衣飞翻海上"[①]。可见妈祖一开始就被奉为具有支配海上事件力量的神。后于宣和五年（1123 年），宋徽宗得奏"给事中路允迪使高丽，中流震风，八舟七溺，独路所乘，神降于桔，安流于济"，赐予妈祖"顺济"庙额，自此可认为宋宣和年间妈祖得到官方认可。此后官方对妈祖进行多次敕封，有宋一代，对妈祖共 14 次褒封，其中因妈祖助舟师、平海寇而进行的褒封多达 7 次。自元朝漕粮海运，出于实际需要，终元一代，朝廷对妈祖进行了 5 次敕封，且全部与漕运相关。明代，以郑和下西洋为代表的航海活动进一步扩大了妈祖的影响力，郑和出海前后，必祭拜天妃，以求得到庇护，有明一代，与出使有关的御祭达 14 次。在清代的妈祖敕封中，其神功主要集中在护漕及征战海疆或镇压沿海人民反抗方面。由此可认为宋代以降妈祖逐渐以航海保护神的身份受到官方认可，并不断传播，为各地民众所信仰。

(二) 在"航海之神"与"护漕水神"之间

关于妈祖信仰在国内的传播路线，学界已基本达成共识，主要分南传和北传两条，南传主要是指从福建沿海向两广地区和港澳地区传播，北传则主要是传播到江浙、环渤海地区（山东、河北、天津、辽宁）。元代定都大都，政治经济中心的分离促进了南粮北运的发展。根据王苧萱[②]的梳理，自元初至元十九年（1282 年）开通海运，前后形成三条海运线路，第一条即从刘家港（今江苏太仓县东北浏河）出海北上，绕过成山角（山东半岛东端），转西至刘家岛（今威海刘公岛）、沙门岛（今长岛庙岛），经莱州至

---

① 潜说友：《咸淳临安志》，浙江古籍出版社，2012。
② 王苧萱：《妈祖文化在环渤海地区的历史传播与地理分布》，硕士学位论文，中国海洋大学，2008，第 9 页。

界河口（今大沽口）；第二条即至元二十九年自刘家港开洋，至撑脚沙（江苏常熟磺径北江中）转沙嘴，至三沙洋子江（崇明西北）……过刘家岛，至芝罘、沙门二岛，放莱州大洋，抵界河（今海河）口；元代海运长期使用的主要航道则是至元三十年（1293 年）开辟的第三道航线，即"从刘家港入海，至崇明州三沙放洋，向东行，入黑水大洋，取成山转西至刘家岛，又至登州沙门岛，于莱州大洋入界河"。至此，妈祖作为航海保护神广泛传播至我国北方地区。

从上述的北传路线来看，本文重点论述的沧州地区并不处于最初海路传播的线路上，然笔者根据地方志记载及实地调查发现沧州地区存在多处妈祖宫庙，表 1 为笔者整理的沧州地区妈祖宫庙分布情况。

表 1　沧州地区妈祖宫庙分布情况

地名	位置	名称	年代	出处
盐山	东门外小北街	天妃宫、天后宫	无考	（同治）《盐山县志》卷末（光绪）《重修天津府志》卷三十四
东光	城东南大石庄	天妃庙	明正德年间以前	（光绪）《东光县志》卷十二
任丘	县南门外	天妃庙	明正统十年（1445 年）到明成化二十年（1484 年）	（乾隆）《任丘县志》卷二
任丘	县西关	天妃庙	无考	（乾隆）《任丘县志》卷二
青县	城东南卫河滨	天后庙	乾隆四十六年	（光绪）《重修天津府志》卷三十四
青县	兴济镇南	天后庙	无考	（光绪）《重修天津府志》卷三十四
青县	林缺屯大道西	天后庙	无考	（光绪）《重修天津府志》卷三十四
黄骅	黄骅市南排河镇后唐村	妈祖殿	明建，后于 1995 年由后唐村集资修建	史籍未见，于实地调查中发现

注：本文所说的沧州地区以现有行政单位为依据，历史上的沧州地区属于现沧州市的区域，其名称按照当地妈祖宫庙修建时所属区划。

从表 1 可知，未处于最初海路传播线路上的沧州地区，自明代以降，先后出现 8 座妈祖宫庙，妈祖宫庙出现的主要原因则在于沧州特殊的地理位置。沧州以东滨渤海而得名，意为沧海之州，其拥有"东负鲸海，西通燕赵，南接齐鲁，北拱神京，昔为边关门户，今为漕运咽喉"① 的地理位置及京杭大运河贯通的优势条件。一方面京杭大运河贯通之后，沧州段运河是京杭大运河北段（明时该运河称卫河，自清以后，称南运河）的重要一段，其南起吴桥大兴村，流经吴桥、东光、南皮、泊头、沧县、沧州、青县等诸多地区，于青县李又屯村北出沧州境，入天津界，与子牙河相汇后成海河，入渤海。公元 13 世纪末元朝大运河通过山东北上，不再绕道中原，沧州段运河成为漕运在华北地区重要的交通干线，明永乐十三年（1415 年）重启会通河，实现京杭大运河的"全线贯通"，至咸丰五年（1855 年）运堤冲毁而改行海运，前后 400 多年间京杭大运河沧州段在南粮北运过程中发挥了重要作用，沧州境内的天后宫庙应在这一背景下沿运河两侧建立，如史籍记载的青县城东北卫河滨、兴济镇南、林缺屯大道西三处天后庙，东光城东南大石庄天妃庙，盐山东门外小北街天妃宫，共计 5 处，均处于南运河沿岸或距离南运河不远的地方，皆为明朝时妈祖信仰因漕运沿南运河两侧逐渐扩散的明证。另一方面，沧州东邻渤海，沧州沿海地区的大多数村民从事渔业生产活动，其生产生活方式对妈祖信仰有着较强的需求，如表 1 中提到的今黄骅市南排河镇后唐村修建的妈祖殿，其宫庙的存在满足了当地民众希望顺利完成渔业生产实践的愿望。

关于妈祖信仰因漕运沿南运河两侧传入沧州地区的说法，尹国蔚就北方地区妈祖信仰传播的路径得出"随着官方敕封、漕粮运输及闽浙商人的推动，妈祖信仰在明代以天津为中心……由天津向南沿南运河两侧扩展"②，这一说法已得到学界的普遍认同。沧州地区妈祖宫庙的分布位置同样可以证实这一结论。

"青县天后庙：一在城东北卫河滨，乾隆四十六年典史石滩重修；一在兴济镇南；一在林缺屯大道西。"③ 从青县妈祖宫庙的地理分布来看，南运河贯通青县南北，三处天妃庙皆沿运河修建。清乾隆四十六年史石滩重修的天后庙更是明确记载了其地理位置——城东北卫河滨，此卫河则指沧州段运河。且结合明时实际，自永乐十三年专事漕运，"海、陆二运皆罢，岁运三百万余

---

① （清）庄日荣：《沧州志》，清乾隆八年（1743 年）刊本，第 43 页。
② 尹国蔚：《妈祖信仰在河北省及京津地区的传播》，《中国历史地理论丛》2003 年第 4 期，第 134~138 页。
③ （清）程凤文：《重修天津府志》，清光绪二十五年（1899 年）刻本。

石，以当海运之数"①。运河取代海运成为南北漕粮运输的重要途径，商人、运军等不同群体沿运河跨区域的流动，使作为海神的妈祖在海洋的外延——江河中依旧发挥着保护神的作用，成为广泛意义上一切水的保护神。

《东光县志》中"东光天妃庙在城东南大石庄，明正德间邑人马旺镢得石像，上有'天妃'二字，因建祠祀之，景州成名撰碑记"。②东光位于南运河东岸，该天妃庙的建立进一步明确了妈祖信仰在沧州地区沿南运河两侧扩散的传播路径。"盐山天妃宫在东门外小北街。"③ 从空间分布上看，盐山县虽未像青县、东光那样或完全被南运河贯通，或处于南运河沿岸，但距离运河也不至太远。根据尹国蔚的观点，距离运河稍远的盐山天后宫庙，也是在明永乐之后因妈祖信仰向运河两侧扩散而逐渐建成的。

不仅如此，沧州地区"东负鲸海"的地理位置也为妈祖信仰的传入提供了空间上的可能。后唐村妈祖宫庙位于今黄骅市南排河镇后唐村（明时属沧州，原庙已在"文革"中被拆毁），其宫庙并未找到相关史料记载。据当地老人们回忆，该妈祖宫庙于明朝时由一宁波商人修建。其时该商人在北方沿海地区经商，所处船只在渤海湾遇风浪，该商人向妈祖虔诚祷告，妈祖遂亮红灯显灵，使人船平安。后为报答妈祖的救命之恩，该商人从南方运来神像和修建宫庙的材料，于后唐村修建妈祖宫庙一座。该后唐村修建的妈祖宫庙，可能仅为民间行为而未能在史料中被记载，但根据当地老人较为一致的回忆可以确定为妈祖宫庙。首先，北方妈祖宫庙建造多存在闽粤商人募建的情况，同时后唐村妈祖宫庙始建原因为闽籍商人报答妈祖施救，符合北方妈祖宫庙修建的基本规律。其次，据《福建省志》中《天后传》的有关记载："天后即妈祖。海舟危难，有祷必应。洋中风雨晦暝，夜黑如墨，每于樯端见神灯示祐。"④ 可见其亮红灯的显灵方式符合妈祖显灵的基本方式。最后，后唐村位于渤海湾西岸，为典型的滨海渔村，大多数村民从事渔业生产活动，其生产生活方式对妈祖信仰有着较强的需求，以致该地妈祖宫庙香火不断。后唐村村民及周边民众，为祈求出海、生产顺利，虔诚供奉妈祖，直到 20 世纪 60 年代，在"文革"中，妈祖庙遭到

---

① （清）张廷玉：《明史》，中华书局，1974。
② （清）周植瀛：《东光县志》，清光绪十四年（1888 年）刊本。
③ （清）王福谦：《盐山县志》，清同治七年（1868 年）刊本。
④ 郑保谦：《福建省旧方志综録》，福建人民出版社，2010，第 433 页。

破坏，此后在 1992 年，后唐村村民共同集资新建了供奉当地师傅的 "师傅林"，后于 1995 年，在 "师傅林" 侧殿重新修建独立完整的妈祖殿，延续香火。

不可否认的是，沧州东临渤海的地理位置，促进了妈祖信仰在参与海上运输交流的过程中在该地的传播。因与当地民众的生活方式有着很大的联系，能够满足当地民众对于出海安全等方面的信仰需求，妈祖信仰能够在当地延续。

总的说来，沧州地区 "东负鲸海"，又为漕运咽喉的特殊地理位置，使得该地区虽然不在最初海路传播线路上，却使妈祖信仰沿着两条不同的传播路径在沧州地区落地生根。也就是说，在沧州，妈祖信仰传播存在不同的原始推动力，在运河沿岸，妈祖是作为广泛意义上护佑漕运的水神而被祭祀，而今黄骅市南排河镇后唐村的妈祖信仰则有别于运河沿线。自然，不论妈祖信仰传播的原始推动力为何，随着妈祖信仰在沧州地区落地生根，其后与当地民间信仰共享信仰空间，不断博弈。

二　外来妈祖信仰与当地民间信仰的博弈

关于妈祖信仰与当地民间信仰互动问题已有一些研究成果，孙晓天对辽宁孤山的妈祖信仰进行研究后认为，"在辽宁孤山，妈祖逐渐 '标准化' 孤山地区诸神共存的 '信仰空间'，成为当地信仰空间中的主要神灵"。[①]　史静在研究天津地区的妈祖信仰后认为："妈祖在天津本土化的过程中，本地的民间信仰神逐渐被标准化进以妈祖为核心的神灵体系。"[②]　然而在沧州地区，妈祖信仰与当地民间信仰在信仰实践的博弈中，呈现了怎样的博弈结果呢？

（一）"外来之神"：未成为主宰神的妈祖

在沧州地区，除外来的妈祖信仰以外，较为突出且具有地方特色的则

---

①　孙晓天：《辽宁地区妈祖文化调查研究——以东港市孤山镇为例》，中央民族大学出版社，2011。

②　史静：《天津妈祖信仰标准化与在地化的博弈嬗变》，《齐鲁艺苑》2013 年第 3 期，第 9~14 页。

为当地的"师傅林"信仰，在实地调查中，笔者共发现三处以"师傅林"为名的庙宇：一处为黄骅市南排河镇后唐村老村西头"师傅林"，一处为南排河镇张巨河村西北"师傅林"，一处为滕庄子村东"师傅林"①。妈祖信仰与"师傅林"信仰的博弈集中反映在今黄骅市南排河镇后唐村的渤海观中。后唐村"师傅林"，建在渤海观内，在观内有"师傅林"与妈祖殿两座庙宇，如今能看到的"师傅林"于1992年在地方政府的默许下，由当地村民新建。"师傅林"内的功德碑详细介绍了庙中供奉的7位师傅，7位师傅都是用土方、针灸、按摩等医法治病救人、造福渔村。自各师傅们去世，他们便成为该地的民间信仰，且在当地信众中产生强大的影响，以致形成庙会。

"师傅林"供奉的师傅大多是当地有功德于民者，是殁而为神的人格化本地神灵。不同于衍生于当地的"师傅林"信仰，妈祖作为"外来之神"，一开始就具有"外来"的性质，如后唐村天妃娘娘庙，其始建于明代，系一宁波商人为报答妈祖的护佑而建；另分布于南运河两侧的青县、东光、盐山共计5处天后庙，其"因明初漕运而发展……最初主要由江南往北运粮的漕工中传播"②，即沧州地区的妈祖信仰主要是以商人或漕运作为最初推动力，在当地缺乏最初的信众基础，与当地民众的日常生活始终有一定的距离。陈春声在论述广东樟林地区妈祖信仰与当地民间信仰时，同样提到"这些有明显官方色彩的庙宇（笔者注：妈祖宫庙），从一开始就具有'外来'的性质……这些庙宇并未完成'本地化'和'民间化'的过程，庙宇与社区内部的日常生活始终有较大的距离……结果官员和客商一旦离开，庙宇的衰落就不可免了"③。这一论述同样适用于沧州地区，随着漕运的衰落以及新型交通运输方式的出现，运河在南来北往的交通运输中失去

① 在明清的民间宗教世界，以"师傅"称谓创教祖师与其历代传人的教派，只有清初由董计升创立的天地门教，其信众对创教祖师及历代传人一律尊称"师傅"，同时受中国传统道教的影响，其信众对文圣人孔丘墓地"孔林"以及武圣人关羽墓地"关林"模式进行仿效，为其创教师与历代传人修建墓地，称作"师傅林"。康熙初年，马开山遵从师命，北上直隶沧州、静海、天津一带传教，继承了天地门教为已故师傅修建坟墓的传统。
② 尹国蔚：《妈祖信仰在河北省及京津地区的传播》，《中国历史地理论丛》2003年第4期，第134～138页。
③ 陈春声：《乡村神庙系统与社区历史的演变——以樟林为例》，载《信仰与秩序——明清粤东与台湾民间神明崇拜研究》，中华书局，2019，第20～51页。

了最初的作用，沿运河进行贸易的商人也失去了其贸易的舞台，以此为最初动力的妈祖信仰的没落便不可避免。同时，从民国开始，官方不间断地开展废除淫祀运动，作为官方正祀的妈祖信仰不得不在政治干预下越发没落，最终在"文革"时期中断。后在 20 世纪 90 年代，在地方政府的默许下，当地民众先是出资新建了供奉 7 位师傅的渤海观"师傅林"，后于 1995 年在"师傅林"东面修建供奉妈祖以及龙王、三位娘娘（其为送子娘娘、普贤护法天尊、慈航普度天尊）的妈祖殿（龙王、三位娘娘处于配殿）。从渤海观内"师傅林"三倍于妈祖殿的占地面积以及修建的先后时间不难看出，生于当地的"师傅林"信仰更加能够引起当地民众的认同感和依赖感。

总之，由于妈祖信仰从一开始就具有"外来"的性质，在当地缺乏最初的信众基础，与社区内部的日常生活始终有较大距离，加之民国后受到"倡导科学，破除迷信"活动及"文革"的影响，妈祖信仰在几百年的地方礼仪实践中，未能成为当地的主宰神。相反，因"师傅林"供奉的是当地有功德于民者，民众对其的供奉更加具有一种本地神灵护佑当地乡民的心理认同。

（二）"正统之神"：不可或缺的存在

虽然妈祖信仰未能在沧州地区成为主宰神，沧州地区也未能建立起以妈祖信仰为核心的信仰体系，但妈祖信仰并没有消失，依旧在当地信仰空间中处于不可或缺的地位。妈祖作为"正统之神"，其在传入地方后势必掌握一定的话语权，能够在当地占有一席之地。正如陈春生在分析具有强烈国家色彩的"义民"信仰时得出的结论那样，作为代表国家话语的官方正祀，该地重建妈祖殿的行为可被视为一种与官方的典章制度和意识形态相联系的符号或象征，在"师傅林"旁重建妈祖殿，将国家话语重新引入地方社会，重要的是，当地民众能否善于利用其具有"正统性"的官方"语言"去最大限度地谋求自己的利益[①]。从区域内的实践来看，区域内的"师傅林"信仰"攀附"于具有"正统性"的妈祖信仰，使得其在超区域的宗教世界中提升了自己的地位。因此妈祖信仰官方正祀的身份决定了其即使

---

① 陈春声：《国家意识与清代台湾移民社会——以"义民"的研究为中心》，载《信仰与秩序——明清粤东与台湾民间神明崇拜研究》，中华书局，2019，第 91~113 页。

在运河商人"离开"后也不会消失，依旧处于不可或缺的地位。同时地方士绅的建庙行为实际上是国家祭祀在地方上的延伸，作为政府官员，其修建庙宇在一定程度上反映了朝廷的倾向、国家的话语。任丘妈祖宫庙的修建即是地方士绅力量的推动。据《任丘县志》记载："天妃庙：一在县南门外，明行人边永建；一在县西关。"① 其中"行人……职专捧节、奉使之事"② 是我国古代从事外交事务的官员。明时行人出使域外，几遭风浪，多赖妈祖，因而对妈祖的祷告、报答十分看重。任丘天妃庙即是边永出使海外获妈祖庇佑，平安返回后在家乡还愿所建③。不仅如此，沧州士绅于光甲"同治丙寅封琉球副使沧州于光甲，奉使琉球，过福建，天后宫偶见神像弃尘埃，捐俸数百金，嘱福州守建后殿供养……"④，其捐资建殿的行为自觉或不自觉地引导着当地民众，促进妈祖信仰在当地的传播。

除妈祖信仰作为官方正祀的身份之外，妈祖作为典型的海神，适应了沧州地区沿海民众的生产生活方式，满足了当地民众求得海上平安的信仰需求。上文提到的南排河镇后唐村妈祖宫庙香火的延续则有力地说明了妈祖信仰在沧州地区至今没有消失。该地村民在从事渔业生产活动的过程中，将妈祖信仰融入当地民众的生活当中。

自然，民众信仰的功利性也为妈祖信仰在沧州地区的经久不衰提供了条件。在后唐村新建的妈祖殿中出现了中国传统神祠庙宇中常见的一庙多祀的现象，在殿中妈祖供奉于正殿，龙王与三位娘娘分别居于配殿，从神灵供奉格局来看，此时妈祖信仰的职能呈现多样性、综合性的特点，其不仅仅局限于航海保护神的形象，其与龙王、送子娘娘等出现了神职的相互影响和彼此移植的现象。也就是说，信众们出于满足自身内在需求的目的，不断"叠加"神灵的功能以维护内心的安全。当舍舟登岸的渔民遇到生理与心理疾病时，他们将更多的精神寄托寄于"师傅们"的护佑，当出海从事渔业生产时，妈祖的护佑便成为不可或缺的存在。

---

① （清）刘统：《任丘县志》，清乾隆二十七年（1762 年）刊本。

② （清）程凤文：《重修天津府志》，清光绪二十五年（1899 年）刻本。

③ 边永（1404～1484 年），明正统十年（1445 年）中进士，官拜行人，掌管传旨、册封等事，出自明清二朝著名的"边氏家族"。其"直隶河间府任丘边氏，大家也，累氏科第不绝……"，边永即为该家族的第一位文官，多次奉使安南等国。

④ 见沧州于氏家谱。

总的来说，因沧州"东负鲸海，西通燕赵，南接齐鲁，北拱神京，昔为边关门户，今为漕运咽喉"的独特位置，在明时妈祖信仰沿南运河在参与海上运输交流的过程中传入该地。在妈祖信仰传入后，自清以后与衍生于当地的"师傅林"信仰进行博弈，最终妈祖信仰因其"外来"的性质，缺乏民众基础、与当地民众有一定距离以及民国后的一系列干预而未能成为该地的主宰神，当地未能形成以妈祖为核心的信仰体系。但也因为沧州沿海的独特位置，妈祖能够满足沿海民众的生产生活实践需求，从而使得妈祖虽然未能成为该地的主宰神，然而也没有消失，妈祖信仰成为当地信仰空间中不可或缺的存在。

三 结语

沧州因其独特的地理位置，使得妈祖信仰在明代沿着不同的路径传入，并在传入后与衍生于清代的当地民间"师傅林"信仰进行博弈，最终沧州地区虽未能形成以妈祖信仰为核心的信仰体系，但妈祖信仰也成为当地信仰空间中不可或缺的存在。

目前北方地区的妈祖信仰研究依旧更多关注妈祖信仰传播的核心地区。本文以沧州地区为中心，根据现有地方史志及实地调查，关注妈祖信仰传入的路径以及妈祖信仰在当地信仰空间中所处的位置。就信仰文化研究来说，以沧州市作为分析边界并非好的选择。然而从妈祖信仰研究在北方分布的情况来看，沧州地区处于天津、山东两大妈祖信仰研究重心之间，不得不因天津与山东在妈祖信仰研究方面的强势地位而被有意无意地边缘化。将沧州地区与妈祖信仰建立联系，关注妈祖信仰在沧州地区的传播路径、妈祖信仰在当地信仰空间中的地位，深入、全面了解妈祖信仰在边缘地区的传播状况很有必要。

中国海洋社会学研究

2020 年卷　总第 8 期

第 187～200 页

© SSAP，2020

民俗叙事谱系视域中的龙文化

钱梦琦[*]

摘　要： 民俗叙事谱系理论认为，一种文化认同的建构与实现，得益于民俗谱系的形成，而民俗谱系的形成则有赖于民俗叙事的展开。因此，从民俗叙事谱系的视角对龙与龙王形象的起源、龙王信仰的产生与发展、龙王信仰中的神话传说、龙王信仰的域外东传等龙文化与龙王信仰范畴内的相关问题进行叙事形态分析，发掘其谱系呈现方式，对于把握龙文化特别是龙王信仰的整体形态，揭示这一文化形态与其要素之间的多元互动、联系统一，及其在民族、国家文化认同建构上的伟大价值，就显得至关重要。

关键词： 民俗叙事谱系　龙文化　龙王信仰　文化认同

龙是民族精神的象征物，极大地影响着中国的王朝政治及思想文化。与此同时，龙王信仰作为一种神灵信仰在中国的民间信仰文化中也占有重要地位。随着佛教的传入，受本土道教的影响，在现实生产生活的诉求之下，龙王形象得以从原始图腾崇拜中脱颖而出，并被赋予了无可比拟的神威，逐渐在社会各阶层流传，产生了一系列的神话传说。不仅如此，中国的龙王信仰还传入日本等国，形成了迥然于西方龙文化的东亚龙王信仰文化圈。

迄今为止，学界围绕龙文化与龙王信仰展开的研究颇多，既有不同时期、各个层面与多维视野的历史关照研究，亦有不少关于龙文化、龙王信

---

* 钱梦琦，华东师范大学社会发展学院民俗学研究所民俗学博士研究生，主要研究方向为民间信仰、非物质文化遗产保护。

仰在当今社会中的存在方式、发展路向研究，以及与当代人精神生活关系的研究。笔者认为，要充分认知、深入理解龙文化与龙王信仰的总体价值，有必要在前人成果的基础上，加强对其作为整体文化形态的探究，从民俗叙事谱系的理论视角对龙与龙王形象的起源、龙王信仰的产生与发展、龙王信仰中的神话传说、龙王信仰的域外东传等相关问题予以整体性考量和关联性解读。

一 民俗叙事谱系理论的提出

叙事学理论起源于 20 世纪 20 年代的俄国，弗拉基米尔·普洛普开创了结构主义叙事学之先河，他的《民间故事形态学》被认为是叙事学的发轫之作。[①]罗兰·巴特在其《叙事作品结构分析导论》中又提出了一个重要思想，认为任何手段和材料都适于叙事，除文学作品外，还包括绘画、电影、连环画、社会杂闻、会话等，叙事承载物可以是口头或书面的有声语言、固定或活动的画面、手势，以及所有这些材料的有机混合。[②] 热拉尔·热奈特的《叙事话语》则从语言学的角度来讨论叙事问题。[③] 总之，由托多洛夫、热拉尔·热奈特、罗兰·巴特、格雷玛斯、布雷蒙等老一辈叙事学家所开创的经典叙事学理论，主要是对以神话、民间故事、小说为主的口头及书面叙事材料的研究。

20 世纪 70 年代以来，中国国内的民俗学者也展开了关于叙事的研究。目前，在民俗学界，已经围绕着"民间叙事""民俗叙事"等相关概念或议题进行了较为深入且卓有成效的探讨。

刘魁立的《民间叙事机理诌论》、龙迪勇的《寻找失去的时间——试论叙事的本质》等，论述了民间叙事的原理、类型、体系及本质等问题。[④]董乃斌、程蔷则在《民间叙事论纲》（下）中将民间叙事划分为言语叙事与行

---

① 弗拉基米尔·普洛普：《民间故事形态学》，贾放译，中华书局，2006，第 153 页。

② 罗兰·巴特：《叙事作品结构分析导论》，张寅德译，载张寅德编《叙述学研究》，中国社会科学出版社，1989，第 484 页。

③ 热拉尔·热奈特：《叙事话语》，王文融译，中国社会科学出版社，1990，第 2 页。

④ 刘魁立：《民间叙事机理诌论》，《民俗研究》2004 年第 3 期，第 50 页；龙迪勇：《寻找失去的时间——试论叙事的本质》，《江西社会科学》2000 第 9 期，第 48 页等。

为叙事，并将行为叙事进一步划分为仪式叙事和游戏叙事，其中的仪式叙事主要是指"祭祀、祷祝、祈求等民俗活动中的叙事"①。他们还总结了民间叙事的意义所在，认为民间叙事是"在野的权威"，是下层百姓的话语，以及对其话语权的运用和维护，因此也是一种超越皇权、超越行政权力的无形的权威。在政权和法律不能达到的地方，民间叙事发挥着重要作用。万建中强调的是民间叙事的口头性和集体性。他指出，任何口头文学的叙述活动都不是个体的，而是集体的，具有强烈的展示性。民间口头叙事为集体叙事，民间口头传统通过参加者共同发出的声音，成为一条口口相传的流动的传播链。口头传统在"声音"中获得生命。故事的叙述人还身兼数职地模拟故事中不同人物的口吻、音容笑貌、行为动作，以有声有色的方式、富有临场感地叙述民间故事或演绎民间口头传统。②

明确提出"民俗叙事"这一表述的是武文等人。武文认为，民俗的叙事方式是以人生观照为核心而形成的结构形态和逻辑关系。中国民俗的叙事方式大体有两类：第一类是宇宙观与人生境界的结合，第二类是意识和仪式的结合。民俗的深层内涵是意识，即精神体系；表层内涵是仪式，即行为体系。任何一种民俗的形式与具象都是精神与行为的表现。③

正是在以上学术背景之下，田兆元以神话研究等为抓手，提出了民俗叙事的三重形态理论。④ 他的基本观点是：叙事是民俗的本质和存在方式，叙事性是研究民俗的理论基础和逻辑起点，民俗叙事绝非仅仅局限于口头和书面文字，还包括仪式行为的叙事，以及物象（图像的、景观的——人造的和自然的）的叙事。受田兆元民俗叙事理念的启发，近年来，已产生不少以民俗叙事为理论视角的神话传说类、民间信仰类专题性研究成果，如余红艳即以"白蛇传"为例，探讨了民间传说的"景观生产"与"景观叙事"。⑤

---

① 董乃斌、程蔷：《民间叙事论纲》（下），《湛江海洋大学学报》2003 年第 5 期，第 38 页。

② 万建中：《民间文学的再认识》，《民俗研究》2004 年第 2 期，第 6 页。

③ 武文：《民俗叙事方式与民俗学话语系统》，《民间文化论坛》2005 年第 2 期，第 5 页。

④ 田兆元：《神话的构成系统与民俗行为叙事》，《湖北民族学院学报》（哲学社会科学版）2011 年第 6 期，第 104 页；田兆元：《论神话学的民俗学研究路径》，《政治大学中文学报》2011 年第 1 期，第 52 页；田兆元：《神话的三种叙事形态与神话资源转换》，《长江大学学报》（社会科学版）2019 年第 1 期，第 9 页；田兆元：《民俗学的学科属性与当代转型》，《文化遗产》2014 年第 6 期，第 32 页等。

⑤ 余红艳：《白蛇传宗教景观的生产与意义》，《广西师范大学学报》（哲学社会科学版）2014 年第 6 期，第 102 页。

田兆元在阐述民俗叙事三重形态的同时，又提出了民俗谱系的观念，并试图将叙事与谱系结合起来予以观照。他一方面继承了传统民俗研究中强调渊源、传承、联系的谱系观念，另一方面又合理吸收了福柯谱系学对断裂、偶然性、共时性的重视，"他从散落在各处同一的民俗事象中看到彼此之间的联系，它们虽然是断裂的，是偶然发生的历史事件，但从整体来看，这些断裂在各处的点之间有了共同的意义"[1]。在融会中西的基础上，田兆元认为民俗文化是一种关联性的集体行为，它存在着多元互动、联系统一的谱系，包括了族群谱系、时间谱系、空间谱系、形式结构谱系、功能谱系、价值谱系等多个方面。[2] 一种文化认同的建构与实现，得益于民俗谱系的形成，而民俗谱系的形成则有赖于民俗叙事的展开。

民俗叙事由经典叙事学理论发展而来，经学者们的不断深化和扩充，逐步形成了相对完善的概念体系。至田兆元等所提出的民俗叙事谱系学说，其理论、方法均已趋向成熟。因此，从民俗叙事谱系的视角对龙文化与龙王信仰的相关内涵进行叙事形态分析，发掘其谱系呈现方式，对于把握龙文化与龙王信仰的整体形态及其在民族、国家文化认同建构上的重要价值，就显得十分有效。

二　龙与龙王形象的起源

中国很早就有"龙"这种形象，龙文化的叙事并非一时一地所为，而是存在着一个较为广泛的空间分布谱系。中华龙文化的起源可以上溯到八千年以前。比如东北辽宁的查海文化，那里出土了距今八千年的摆石塑龙，是迄今为止发现的最早的龙形象。而在西北陕西北首岭，也有距今七千年的龙文化原初形态的存在。南方地区同样有龙文化的发源地。1984 年，上海青浦福泉山遗址出土了良渚文化器物"蟠螭纹镂空足带盖陶鼎"，其镂空的足间以及盖上、腰身上皆有龙纹图案，江南原住先民对龙的崇拜由此可

① 雷伟平：《谱系与文化认同的研究综述——以民俗学为中心》，《楚雄师范学院学报》2019 年第 2 期，第 17 页。

② 田兆元：《论端午节俗与民俗舟船的谱系》，《社会科学家》2016 年第 4 期，第 7 页；田兆元：《民俗研究的谱系观念与研究实践》，《华东师范大学学报》（哲学社会科学版）2017 年第 3 期，第 117 页等。

见一斑。① 龙文化起源地南北呼应、广泛存在的空间谱系特征，有力地证明了"龙"是中华民族共有的文化形象。以"龙的传人"自居的文化认同经久不息、历久弥新，其是有确凿考古学根据的。

有关龙文化的起源研究，比较著名的当数闻一多的龙蛇图腾说。闻一多提出了龙是一种图腾的说法，认为龙是因部落融合而产生的混合图腾，而且是一种虚拟的存在。他在《伏羲考》中说："龙究竟是什么东西呢？我们的答案是，它是一种图腾，并只存在于图腾中，而不存在于生物界的一种虚拟生物，因为部落的兼并而产生的混合图腾……图腾未合并之前，所谓龙者，只是一种蛇的名字叫龙，后来有一个以这种蛇图腾的团族兼并了、吸收了许多的形形色色的图腾团族，大蛇才接受了兽的脚、马的头、鬣的尾、鹿的角、狗的爪、鱼的鳞和须……于是成为我们现在所知道的龙了。"② 何新则在闻一多的基础上对龙图腾做出了进一步的阐释，他在《谈龙说凤》中提到，上古神话中的龙其实就是当时人们对神秘的自然现象，如水、云、雨、太阳的功能性解释。③ 这就说明，龙形象存在于华夏原始图腾的整体谱系之中，并服务于先民有关人与自然关系的总体性叙事。

在龙文化发轫初期，中国先民还时常将龙的形象与他们的其他图腾崇拜联系在一起，这也表明龙形象是先民图腾谱系中的重要一环。古东夷人把鸟作为他们的图腾，即《诗经》所谓"天命玄鸟，降而生商"④。人面鸟身则是古人所认知的海洋中的图腾形象，正如《山海经》所载，"东方句芒，鸟身人面，乘两龙"⑤，而"四海之神，南海之神曰祝融，东海之神曰句芒，北海之神曰玄冥"⑥。可见，"鸟身人面"的句芒是古代的海洋之神，同时这一形象是与龙相关的。《山海经·大荒东经》亦云："东海之渚中有神，人面鸟身，珥两黄蛇、践两黄蛇，名曰禺猇，黄帝生禺猇，禺猇生禺京，禺京处北海，禺猇处东海，是惟海神。"⑦ 这里的"黄蛇"指的也是龙。

① 田兆元：《为何说上海是中国龙文化的重要故乡——田兆元教授在华东师范大学书香年华讲座上的演讲》，《解放日报》2017年第3期。

② 闻一多：《伏羲考》，上海古籍出版社，2009，第250页。

③ 何新：《谈龙说凤》，时事出版社，2004，第68页。

④ 《诗经·商颂·玄鸟》，北京出版社，2006，第3页。

⑤ 《山海经·海外东经》，中华书局，2009，第255页。

⑥ 《山海经·海外东经》，中华书局，2009，第219页。

⑦ 《山海经·大荒东经》，中华书局，2009，第253页。

以上文献记载与目前的考古发现基本一致，由此可知，龙形象依托于华夏原始图腾的整体谱系而存在，更隶属于古代海神，尤其是东海海神的叙事体系，它与海洋的联系从一开始就已经确立。

相比于龙，龙王形象的出现要晚很多，但龙王形象与海洋的谱系关联无疑更加紧密了。龙王的产生受到了外传佛教的影响，这一观点基本上已成为学界的主流认知①。正如《大唐西域记》卷二所云："昔如来在世之时，此龙为牧牛之士，供王乳酪，进奉失宜，既获谴责，心怀恚恨，以金钱买花供养，受记窣堵波，愿为恶龙，破国害王。即趣石壁，投身而死。遂居此窟，为大龙王，便欲出穴，成本恶愿。"② 在佛教的叙事中，龙王由龙的形象蜕变、发展而来，两者构成一种时间谱系。③

三 龙王信仰的产生与发展

龙王信仰的产生不仅有赖于佛教叙事，也是道教叙事以及农耕文明、海洋文明叙事的结果。目前学术界的主流观点认为龙王信仰起源于中国，但同时融合了域外的宗教因素。中国本土有龙神，但原无确切的龙王形象，由"龙"向"龙王"的演化与佛教、佛经的传入有很大关系。在佛教传入中国以前，本土龙王的雏形形成于先秦时期，而真正形成龙王信仰则是在汉唐。佛教传入中国后，佛经中的"那伽"（Naga），即一种长身无足、能在大海与其他水域中称王称霸的神兽被中国民众认同，人们将其视作古代传说中龙一样的动物，并且将"那伽"译作"龙"。④ 佛经中龙的祈雨等功能，也为我国民众所接受。随着佛教在中国的本土化、民族化，以及佛教观念的逐渐普及，佛教中的龙王信仰在各社会阶层中不断产生影响。

道教中也存在龙王信仰的叙事，这就是大致出现于隋唐时期，后来在中国民间广为流传的四海龙王、五方龙王崇拜。道教在创造"龙神"这一点上也是受到佛教的影响，与佛教雷同。道教创造的龙王主要有东方青帝、

① 焉鹏飞：《从神兽到龙王：试论中国古代的龙王信仰》，《鄂州大学学报》2014 年第 2 期，第 3 页等。
② 玄奘撰、辩机编次《大唐西域记》卷二，广西师范大学出版社，2007，第 69 页。
③ 张玉霞：《佛教文化与中国龙王文化的形成》，硕士学位论文，中南民族大学，2012。
④ 李程：《印度那伽形象与中国龙王形象关系研究》，硕士学位论文，鲁迅美术学院，2018。

南方赤帝、西方白帝、北方黑帝和中央黄帝五方龙王和东、西、南、北四海龙王。由于道教龙王的所在方位、职司切合了中国民众的空间谱系和价值谱系观念，龙神信仰在民间流传渐广。

与此同时，在关心旱涝与收成关系的农耕文明和关心渔业丰歉与出海安全与否的海洋文明双重叙事的作用下，特别是在古代农业发展的迫切要求下，龙王信仰得到了更为广泛的尊奉。诚如刘志雄、杨静荣在《龙与中国文化》一书中所言，在"中国这个传统的农业古国，百姓最关心、最需要的就是风调雨顺，因而自古以来，民间对能影响晴雨旱涝的龙的尊崇一直没有中断过。当佛、道两教广泛传播之后，人们受其启发，即将传统的神龙尊奉为龙王。于是中国大地上江、河、湖、海、渊、潭、溏、井，凡有水处莫不驻有龙王。这类龙王距佛教龙王较远，距道教龙王较近；但严格地说起来，他们既非佛教龙王，也非道教龙王，只属于民间俗神"①。

正是得益于佛道的宗教弘扬和社会生产生活的现实诉求，"龙"才日渐人格化、社会化、鲜活化，形成了明确的"龙王"形象。"龙王"不仅接续了"龙"的形象，也继承了"龙"的神威，还被赋予更多的神力，成为人们信仰和祭祀的对象，并最终形成庞大的龙王信仰谱系，这对于以龙图腾为核心符号的华夏民族文化认同的建构起到了至关重要的作用。

民间社会中的广大信众是龙王信仰谱系最为核心的建构主体。除此以外，由于龙王信仰在民间的兴盛，逐渐引起了上层统治者的关注，历代有不少帝王都大力推崇、传播龙王信仰，也是龙王信仰谱系建构中的重要主体。樊恭炬在《祀龙祈雨考》中提到："帝命祭龙制仪始于唐。"② 至北宋末年，朝廷正式认可并册封了民间流传已久的龙神，即大观二年（1108年）册封天下五龙神：青龙神封广仁王，赤龙神封嘉泽王，黄龙神封孚应王，白龙神封义济王，黑龙神封灵泽王。南宋孝宗时期，皇帝下诏行祭于浙江定海的龙王庙。③ 到了清康熙、雍正年间，龙王重又受到皇帝的极力推崇，王朝主导或许可的东海龙王的祭祀活动也日益频繁，龙王信仰盛极一时。仅康熙时的相关祭文就多达8篇。1725年，雍正诏封东海龙王为"东海显

① 刘志雄、杨静荣：《龙与中国文化》，人民出版社，1992，第73~77页。
② 樊恭炬：《祀龙祈雨考》，载苑利主编《二十世纪中国民俗学经典（信仰民俗卷）》，社会科学文献出版社，2002，第273页。
③ 陈振：《宋史》第一部，上海人民出版社，2003，第140页。

仁龙王之神"。时隔两年，他又下旨祭龙，曰："龙王散布霖雨，福国佑民，复造各省龙神大小二命像，命守土大臣迎奉，礼仪与祭南海庙同。"领此诏令，浙江舟山各地纷纷新建、改建龙宫，一度出现清光绪《定海县志》中所记载的一区一宫甚至一区五宫，总计二十九间的兴旺局面。[①] 通过推崇龙王信仰，封建统治阶层将皇权与龙图腾崇拜有机结合起来，将统治权力的合法性通过龙文化认同的形式确认并规定下来，服务于中央集权及意识形态的统摄。

文人士大夫阶层同样是龙王信仰谱系中不可轻忽的建构主体。他们通过文学艺术创作，使龙王信仰在知识界的传播更为深入。如历代文人围绕"柳毅传书"的叙事，《西游记》等古代神魔小说中的龙王叙事，皆为此类。当代学界也多有从文学叙事角度探究龙王信仰的相关学术成果。例如首都师范大学黄贤的硕士学位论文《元杂剧龙女形象研究》，以两部元代著名的龙女题材杂剧《洞庭湖柳毅传书》和《沙门岛张生煮海》为中心，梳理了元杂剧中龙女形象的塑造与发展；上海师范大学沈梅丽的硕士学位论文《古代小说与龙王信仰研究》则围绕古代小说与龙王信仰的关系这一专题展开，她还在其硕士学位论文的基础上发表了一系列相关论文，如《古代小说中龙王形象类型化浅析》《从古代小说看人相龙王形象的演变》等，均是对龙王信仰小说叙事的探讨。

四 龙王信仰中的神话传说

龙王信仰之所以能在全国各地建立起庞大而错综的空间谱系，龙王形象之所以能够深入人心，一方面是由于上述文人士大夫所主导的书面文学叙事的推动，作为仪式行为叙事的龙王祭祀的赓继不断，以及作为物象叙事的龙王庙宇的历代兴造和龙王塑像图像等的创作传布；另一方面则是因为关于龙王信仰的神话传说经久不息、绵延极广地递相传承。作为一种重要的口头叙事，神话传说对于谱系与认同建构的价值在一定程度上是最为原初的，许多书面文学叙事、仪式行为叙事、物象叙事都是建立在神话传

---

① 金涛：《海龙王信仰与舟山渔民的双重心理》，《浙江海洋学院学报》（社会科学版）2007年第 1 期，第 3 页；钱秋红：《舟山渔农村龙王信仰与习俗研究》，硕士学位论文，浙江海洋大学，2018。

说口头叙事基础上的二次传播。

龙王信仰中的神话传说叙事围绕着龙王的家族而展开。透过龙王家族，可以窥见一个较为完整的龙王信仰对象谱系。龙王家族除龙王以外，还包括龙母、龙女、龙子等，以及龙王日常居处的场所龙宫。现着重绍述关于龙王、龙女、龙宫的神话传说如下。

（一）龙王

中国民间宗教的雨神信仰拥有自己的崇拜对象，这便是龙王。[①] 人们崇拜、祭祀龙王，兴风作雨却又似乎成了龙王的代名词，在中国龙文化与龙王信仰的相关神话传说中，龙王往往呈现为一个神通广大、骁勇威猛而又"不好惹"的负面形象，这就是令人感到吊诡之处。北魏杨衒之的《洛阳伽蓝记》提及龙王，其中一则云："初，如来在乌场国行化，龙王嗔怒，兴大风雨，佛僧迦梨表里通湿。雨止，佛在石下，东面而坐，晒袈裟……佛坐处及晒衣所，并有塔记。"[②] 这里显然是将龙王刻画成了一个企图通过兴风作雨来阻扰如来佛行化的反面形象。《魏书》中也有类似记载："波知国，在钵和西南……有三池，传云大池有龙王，次者有龙妇，小者有龙子。行人经之，设祭乃得过。不祭，多遇风雪之困。"[③] 只有得到了祭祀和拥戴，龙王及其家族成员才会通情达理，反之则会大逞其霸道行径。

中华大地上有着广泛的龙王信仰谱系，在民间许多地方，龙王崇拜和龙王传说都与祈雨有关。宋人叶梦得曾在《避暑录话》中详细叙述了吴越地区民间"以五月二十日为分龙日"[④]，龙升天行雨以此日为分水岭，"前此夏雨时，行雨之所及必广，自分龙后，则有及有不及"[⑤] 的说法。浙江舟山群岛的定海，至今流传着岑港白老龙的传说，从事东海海洋海岛文化研究的民俗学者金涛在此地采风时曾访谈过当地的曹如生老先生，曹如生说："岑港有座高山，悬崖上溪水倾泻如瀑布，冲出山下一个深潭，名叫'龙潭'，岑港白老龙就住在龙潭里，据上代老人说，天旱时去龙潭求雨，很

---

① 苑利：《华北地区龙王传说研究》，《民族艺术》2002年第1期，第1页。

② （南北朝）杨衒之：《洛阳伽蓝记》卷五，上海古籍出版社，1982，第220页。

③ （南北朝）魏收等：《魏书》卷一百二列传第九十，中华书局，1974，第433页。

④ （宋）叶梦得：《避暑录话》卷下，明《津逮秘书》本，第293页。

⑤ （宋）叶梦得：《避暑录话》卷下，明《津逮秘书》本，第280页。

灵。求雨时要请龙，请龙方式很特别，要用松柏扎成的轿子去请，轿子内放面盆、锣鼓，还有祭龙的三牲福礼，尤其要有糯米团。也许是白老龙的故事影响，说白老龙最喜欢吃糯米团。把糯米团丢入龙潭，等一会儿会有东西浮上来，有时浮上来的是蛇，或是蟹，不管是什么东西，把它捞起来放入盛水的面盆里，用轿子抬回来绕呑走一圈，算是请了'龙灵'回来，碰的巧，第二天就下雨了。"①

但凡有水的地方就有龙崇拜的存在。龙掌管不同的水域，江、河、湖、海、井、潭等，都涵括在内，龙王庙也就相应地分布在各处②。这些水域和龙王庙所在之处，或多或少都有一些由当地百姓口耳相传的神话传说，所涉内容虽多跟旱涝祈祷相关，却并不局限于此。例如，相传龙王还肩负着为信众家族守土安坟、驱祸致福之责，可护佑其子孙繁茂、门户昌盛。正如《太上召诸神龙安镇坟墓经》所载："道言：天尊所告，真经龙王名号。若有善男子善女人，葬埋坟墓，有犯天星地禁。一切龙神，皆当延至正一道士，转诵此经，拜诸神龙，来安坟墓。自然门户光辉，子孙繁衍。此经神验，不可称量。若生不信，毁谤真文，祸延亿世。是时，大众闻说此经，皆称不可思议。作礼面退，稽首奉行。"③ 这便体现出了龙王神话传说叙事在兴风作雨、掌管晴雨和水域以外的丰富性。

（二）龙女

龙女是神话传说中龙王的眷属。作为龙王的女儿，龙女这一传说形象最初来源于佛教。大约从唐代开始，在中国民俗文化和通俗文学中出现了龙女形象。据考证，中国龙女形象及其与龙王关系的源头，应到印度佛经文学中去寻觅，包括"探宝""报恩""煮海降龙"等经典叙事情节，都能在佛经文学中找到根据。目前学界对于龙女的研究，多是从民间传说故事等角度予以观照，其中探究较多、较具代表性的故事文本当数《柳毅传》。正如"柳毅故事"所述，传说中的龙女多是与人类男性婚恋的异类女性形象，常被借以表达对社会世情的反讽和违拒。从龙到龙王、龙女的形象塑

---

① 金涛：《金涛聊海》，湖北科学技术出版社，2016，第 43 页。
② 钱张帆：《龙的创造与传说》，《浙江海洋学院学报》2007 年第 2 期，第 3 页。
③ 《太上召诸神龙安镇坟墓经》，载（明）张宇初等编《正统道藏洞玄部本文类》，明正统十年内府刊本，第 506 页。

造过程，人们不断将社会性和人性融合进去，使龙王信仰中的人本意识持续增强。①

（三）龙宫

龙宫通常指神话传说中东海龙王日常居处的海底宫殿。龙宫作为宗教意象时，多指佛教发源地印度。唐人记录玄奘西行印度的取经经历时，便说他"搜扬三藏，尽龙宫之所储"②。许多古代小说对龙宫建筑的描绘则多源自民间的神话传说。《柳毅传》形容洞庭龙宫规模恢宏，"台阁相向，门户万千"③，同时还介绍了龙宫各宫殿的用途，也有对龙宫中生活场景的描述，如写龙宫宴饮场面："初，笳角鼙鼓，旌旗剑戟，舞万夫于其右。中有一夫前曰：'此《钱塘破阵乐》。'旌铖杰气，顾骤悍栗，坐客视之，毛发皆竖。复有金石丝竹，罗绮珠翠，舞千女于其左。中有一女前进曰：'此《贵主还宫乐》。'清音宛转，如诉襦慕，坐客听之，不觉泪下。二舞既毕，龙君大悦，锡以纨绮，颁于舞人。"④ 就龙宫的文化内涵而言，首先它是宝地意象，《柳毅传》《西游记》等历代小说述及的龙宫宝藏种类极为丰富，包括金银珠绡、医药仙方，以及各色奇珍异品，不一而足。⑤《柳毅传》中就有关于碧玉箱、开水犀、红珀盘、照夜玑等龙宫宝物的描写。其次它是祈雨胜地，我国民间自古就有在龙宫庙祈雨的习俗。⑥ 例如清代乾隆时期修纂的《福建通志》卷十五记载，莆田民众逢旱时赴当地"龙宫显应庙"⑦ 祈祷，以求"殄寇驱疠，反风降雨"⑧；每年农历二月初二的河南武陟青龙宫祈雨习俗则自明清时期传承至今，影响遍及豫鲁晋等地。

---

① 况东宸：《龙宫崇信与龙宫探宝研究》，硕士学位论文，上海师范大学，2012。
② （唐）玄奘：《谢敕赉经序启》，载（唐）道宣：《广弘明集》卷二十二，《四部丛刊》景明本，第 176 页。
③ （唐）李朝威：《柳毅传》，天津人民美术出版社，1979，第 153 页。
④ （唐）李朝威：《柳毅传》，天津人民美术出版社，1979，第 204 页。
⑤ 沈梅丽：《古代小说中的龙宫及信仰文化考述》，《贵州文史丛刊》2009 年第 3 期，第 5～6 页。
⑥ 沈梅丽：《古代小说中的龙宫及信仰文化考述》，《贵州文史丛刊》2009 年第 3 期，第 5～6 页。
⑦ （清）郝玉麟修、谢道承纂《福建通志》卷十五，清《文渊阁四库全书》本，第 177 页。
⑧ （清）郝玉麟修、谢道承纂《福建通志》卷十五，清《文渊阁四库全书》本，第 179 页。

五　龙王信仰的域外东传

从叙事谱系的视角揭示文化形态及其要素之间的多元互动、联系统一，不仅要对中华龙文化与龙王信仰中的重要内容予以整体性考察和关联性解读，还应对龙王信仰的域外传播以及海外固有的龙文化形态予以观照，它们也是整个叙事谱系中不可分割的有机构成。

（一）龙文化与龙王信仰的东传日本

作为东亚最重要的两个国家，中国和日本都有龙文化。日本的龙文化大约在弥生时代由中国传入，龙王在日本则被称为海神或龙神。中华龙文化与龙王信仰的东传日本显示出华夏龙图腾的叙事谱系对于周边地区的强大辐射力和影响力，这也是东亚汉文化圈与汉文化认同长期存在的民间基础所在。

在农业经济占主导地位的传统日本，祈求风调雨顺和庄稼丰收是龙神信仰发展、兴盛的重要驱动力，信仰的出发点与中国基本一致。相传在日本新潟县农村，那里有许多蓄水用的池塘。村里人都相信池塘里住着专司治水的龙王。人们害怕龙神带来雷雨和龙卷风，于是就在春天里向它祈求农耕安全，秋天丰收后向它表示感谢，这就形成了一种祭祀。在新潟县佐度佐和田町还流传着这么一个故事。古时候，有一个大旱之年，村里人祈雨时，龙神显灵，龙对村里人说要把村里的一个姑娘嫁给他，他就给他们下雨，村里的人诚惶诚恐，把村里最漂亮的姑娘嫁给了龙神。果真，没多久就下了大雨。后来，这里祈雨时，人们总要往井中投放供物，那些供物在不断的祈愿声中慢慢沉入井底，因为日本人认为井是通往龙宫的必由之路。每年农历六月二十三是龙神娶妻的日子。每到这一天，村民们都要高举旗帜欢庆祭祀一番，以娱神的方式祈祷。[1] 类似这样的神话传说叙事，在《日本書紀上》《太平记》等日本古籍中也多有记载。

日本将龙神信仰的神圣叙事融入皇族的叙事谱系中，从精神层面来强化皇权统治的合法性，这同样与传统中国类似。日本荒川弘的著作《龙的

---

[1]　庞进：《八千年中国龙文化》，中国日报出版社，1993，第 250 页。

起源》中提到日本人对龙神十分敬畏。而据《日本書紀上》与《古事記》记载，日本首代天皇神武天皇的祖母丰玉毗卖与母亲玉依毗卖皆是海神之女。《日本書紀上》对丰玉毗卖产子时显出原形的记录是："方産，化為龍"。① 海神之女在这里被描述为龙的形象。可见，在日本人的海神信仰中，龙是海神的代表性形象之一，这与中国的海龙王信仰十分相似。更重要的是，在以上叙事谱系中，天皇作为日本人间的帝王，其母与祖母均被认定为海神之女，其本人便是海中龙神的后裔，这就表明了日本海洋龙神与王权的关系，两者在神圣和权威上具有同构性。不难发现，无论是中国抑或是日本，皇权思想都很大程度地渗透到了人们的海洋龙神信仰之中。

日本海洋龙神信仰还存在着与中国龙王信仰类似的对象谱系。中国的海洋龙王信仰有一个庞大完整的对象化体系，以东海龙王为中心，还包括龙宫、龙母、龙子、龙女、龙婆、龟丞相、虾兵蟹将、各色水族等。龙宫常指东海龙王在海底的起居宫殿，在中国的神话传说叙事中频频出现。同样，日本的古籍中也有各种关于龙宫的叙事。《古事記》中山幸彦去海底寻找丢失的鱼钩时见到了龙宫，其景象是"魚鱗如す造れる宮室、其れ綿津見神宮ぞ"②；《日本書紀上》在描写龙宫景观时则曰："忽到海神豊玉彦之宮。其宮也城闕崇華、楼臺壯麗。"③ 日本神话传说中的龙宫与中国神话传说中的龙宫一样，华丽壮伟、规模宏大是其最大特色。《日本書紀上》中还有对龙女的叙事，说"有一美人，容貌絶世"④。《風土記》更是不吝形容之辞，谓"其容美麗更不可比"⑤。显然，日本龙女形象与中国龙女亦颇相似，都是年轻貌美的女子。从日本龙女的形象塑造中，也同样可以看出人

① 坂本太郎、家永三郎、井上光貞、大野晋校注《日本書紀上》，载佐竹昭広主编《日本古典文学大系67》，岩波書店，1974，第169页。
② 上田正昭、井手至:《古事記》，载佐竹昭広主编《鑑賞日本古典文学第1卷》，角川書店株式会社，1980，第162页。
③ 坂本太郎、家永三郎、井上光貞、大野晋校注《日本書紀上》，载佐竹昭広主编《日本古典文学大系67》，岩波書店，1974，第169页。
④ 坂本太郎、家永三郎、井上光貞、大野晋校注《日本書紀上》，载佐竹昭広主编《日本古典文学大系67》，岩波書店，1974，第169页。
⑤ 秋本吉郎校注《風土記》，载佐竹昭広主编《日本古典文学大系2》，岩波書店，1958，第475页。

性与神性的不断融合，以及海洋龙神信仰中人本意识的增强。①

除神话传说叙事以外，以视觉呈现为中心的物象叙事也是中日龙文化共有的叙事形态。日本有许多与龙相关的宗教信仰类的美术作品，例如日本京都泉涌寺舍利殿狩野山雪的著名天井画"龙图"；日本东照宫画有鸣龙；7 世纪的高松冢古墓壁画中有《青龙图》，龙被绘成墓主人的保护神，至今依然色泽鲜明。日本龙的画法是在中国移民的陶染之下日渐形成、发展的，其中以 13 世纪南宋牧谿、陈容所画的作品对日本人的影响最大。②

---

① 黄科琼、崔振雪：《中日海洋龙神信仰比较研究——以舟山地区海龙王信仰为中心》，《神州民俗》2012 年第 5 期，第 2 页。
② 庞进：《八千年中国龙文化》，中国日报出版社，1993，第 58 页。

征稿启事与投稿须知

一 征稿启事

《中国海洋社会学研究》是由中国社会学海洋社会学专业委员会主办、上海海洋大学承办的学术集刊，每年出版一卷，致力于中国海洋社会学的学科建设，反映中国海洋社会学界的动态。为此，本集刊力图发表海洋社会发展与变迁、海洋群体、渔村社会、海洋生态、海洋文化、海洋意识、海洋教育、海洋管理等相关领域的高水平论文，介绍和翻译国内外海洋社会研究的优秀成果。诚挚欢迎国内外学者踊跃投稿。

《中国海洋社会学研究》由社会科学文献出版社公开出版。为保证学术水准，《中国海洋社会学研究》采取编委会匿名评审的审稿方式。《中国海洋社会学研究》编委会拥有在本集刊上已刊作品的版权。作者应保证对其作品具有著作权并不侵犯其他个人或组织的著作权。译者应保证译作未侵犯原作者或出版机构的任何可能的权利。来稿须同一语言下未事先在任何纸质或电子媒介上正式发表。中文以外的其他语言之翻译稿，须按要求同时邮寄全部或部分原文稿，并附作者或出版者的书面（包括 E-mail）的翻译授权许可。

任何来稿视为作者、译者已经阅读或知悉并同意本启事的规定。编辑部将在接获来稿一个月内向作者发出稿件处理通知，其间欢迎作者向编辑部查询。

二 投稿须知

1. 《中国海洋社会学研究》全年接受投稿，并于每年 7 月出版。

2. 论文字数一般为 6000～18000 字（优秀稿件原则上不限字数）。

3. 投稿须遵循学术规范，文责自负。

4. 来稿论文的正文之前请附中文摘要（200～400 字）、关键词（3～5 个）。请在文档首页以页下注的形式附作者简介（示例：李四，中国海洋大学法政学院教授，主要研究方向为海洋社会学）。若所投稿件为作者承担的科研基金项目成果，请注明项目来源、名称、项目编号。

5. 参考文献及文中注释均采用脚注。每页重新编号，注码号为①②③……依次排列。多个注释引自同一资料者，分别出注。

6. 本刊暂不设稿酬，来稿一经采用刊登，作者将获赠该辑书刊 2 册。

7. 来稿请直接通过电子邮件方式投寄，电子稿请存为 word 文档并使用附件发送。电子信箱：hyshehuixue@ 126. com。

图书在版编目(CIP)数据

中国海洋社会学研究. 2020 年卷：总第 8 期 / 崔凤
主编. -- 北京：社会科学文献出版社，2020.9
　ISBN 978 - 7 - 5201 - 7072 - 7

　Ⅰ.①中… 　Ⅱ.①崔… 　Ⅲ.①海洋学 - 社会学 - 中国
- 文集　Ⅳ.①P7 - 05
　中国版本图书馆 CIP 数据核字(2020)第 146352 号

中国海洋社会学研究（2020 年卷　总第 8 期）

主　　编 / 崔　凤

出 版 人 / 谢寿光
组稿编辑 / 谢蕊芬
责任编辑 / 庄士龙　佟英磊

出　　版 / 社会科学文献出版社·群学出版分社（010）59366453
　　　　　地址：北京市北三环中路甲 29 号院华龙大厦　邮编：100029
　　　　　网址：www. ssap. com. cn
发　　行 / 市场营销中心（010）59367081　59367083
印　　装 / 三河市尚艺印装有限公司

规　　格 / 开　本：787mm × 1092mm　1/16
　　　　　印　张：13.25　字　数：210 千字
版　　次 / 2020 年 9 月第 1 版　2020 年 9 月第 1 次印刷
书　　号 / ISBN 978 - 7 - 5201 - 7072 - 7
定　　价 / 89.00 元

本书如有印装质量问题，请与读者服务中心（010 - 59367028）联系